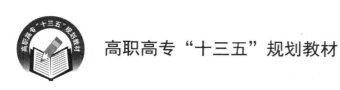

高职高专"十三五"规划教材

U0204185

《高等数学》学习指导

王桠楠　周渊　王灵　主编

北京航空航天大学出版社

内 容 简 介

"高等数学"是理工科院校三大基础课程之一,本书是根据教育部《国家中长期教育改革发展规划纲要(2010—2020年)》精神要求以及我院周孝康教授主编的《高等数学》(ISBN 9787512421264)教材编写的辅导书。同时本辅导书主要是为适应高等职业教育发展的新要求,针对高职院校学生的特点而编写的。

全书共分为7章,内容分别为函数、极限与连续,一元函数微分学及应用,一元函数积分学及应用,无穷级数,常微分方程,多元函数微分学,多元函数积分学。本书结构合理,主要以典型例题为主,以提高学生的解题技能为目的。

本书主要作为高职院校工科专业高等数学课程教学的辅导教材,也可作为成人自考及"专升本"等考试的辅导用书。

图书在版编目(CIP)数据

《高等数学》学习指导 / 王桠楠,周渊,王灵主编

. -- 北京 : 北京航空航天大学出版社,2019.8

ISBN 978 - 7 - 5124 - 3027 - 3

Ⅰ.①高… Ⅱ.①王… ②周… ③王… Ⅲ.①高等数学-高等职业教育-教学参考资料 Ⅳ.①O13

中国版本图书馆 CIP 数据核字(2019)第 125988 号

《高等数学》学习指导

王桠楠　周渊　王灵　主编

责任编辑　金友泉　周世婷

*

北京航空航天大学出版社出版发行

北京市海淀区学院路 37 号(邮编 100191)　http://www.buaapress.com.cn

发行部电话:(010)82317024　传真:(010)82328026

读者信箱:goodtextbook@126.com　邮购电话:(010)82316936

北京建筑工业印刷有限公司印装　各地书店经销

*

开本:787×1 092　1/16　印张:8.25　字数:211 千字

2019 年 8 月第 1 版　2023 年 10 月第11次印刷　印数:20901-21900册

ISBN 978 - 7 - 5124 - 3027 - 3　定价:29.00 元

前　　言

　　"高等数学"课程是理工科各专业必修的基础课,它在科学研究、工程技术、经济、金融等各个领域有着广泛的应用。我院周孝康教授主编的《高等数学》教材自出版以来,受到学生的一致好评,为方便学生学习高等数学,我们于 2017 年着手编写《高等数学》辅导学习教材。

　　本书作为周孝康教授主编的高职高专"十三五规划教材"《高等数学》的配套辅导用书,按照教材顺序编写,各章由知识梳理、重难点分析、典型例题、基础练习、同步自测构成。

　　(1) 通过"知识梳理"和"重难点分析",让学生及读者能够及时掌握本书主要知识点及重难点,为学习打下良好基础。

　　(2) 通过"典型例题"中的基础题、重点题、难题,让学生及读者及时掌握解题思路,提高分析问题和解决问题的能力。

　　(3) 通过"基础练习"和"同步自测",由易到难,帮助学生及读者进一步掌握各章的知识。

　　本书可以作为高职高专院校"高等数学"课程的辅导教材,也可以作为成人自考及"专升本"等考试的辅导用书。同时本书中附有周孝康教授主编的《高等数学》(ISBN 9787512421264)的课后习题答案。

　　本书在编写过程中得到四川航天职业技术学院周孝康、唐绍安等老师们的细心指导,他们对本书提出了很多有价值的意见及建议,在此表示一并感谢。

　　由于编写水平有限,书中的不妥之处恳请广大读者批评指正。

编　者

2019 年 2 月

目　　录

第1章 函数 极限 连续

1.1 知识梳理

1.1.1 函数的概念

1. 函数定义

设 x,y 为两个变量,按照某种对应法则 f,总有确定的值与之对应,那么就称 y 为定义在数集 D 上的 x 的函数,记作 $y=f(x)$. x 称为自变量,y 称为函数或因变量,数集 D 称为函数的定义域. 当 x 取遍 D 中一切实数值时,对应的函数值的集合 M 叫做函数的值域.

2. 函数的简单性态

(1) 单调(增、减)性

如果函数 $f(x)$ 对定义区间 I 内的任意两点 x_1、x_2,当 $x_1 < x_2$ 时,总有 $f(x_1) < f(x_2)$,则称 $f(x)$ 在 I 上单调增加,区间 I 称为单调增区间;若 $f(x_1) > f(x_2)$,则称 $f(x)$ 在 I 上单调减少,区间 I 称为单调减区间. 单调增区间或单调减区间统称为单调区间.

(2) 奇偶性

如果函数 $f(x)$ 对关于原点对称的定义区间 I 内的任意一点 x,均有 $f(x)=f(-x)$,则称 $f(x)$ 为偶函数;若 $-f(x)=f(-x)$,则称 $f(x)$ 为奇函数.

(3) 有界性

如果函数 $f(x)$ 对定义区间 I 内任意 x,总有 $|f(x)| \leqslant M$,其中 M 是一个与 x 无关的常数,则称 $f(x)$ 在区间 I 上有界,反之称为无界.

3. 常用函数的类型

(1) 基本初等函数

常数函数 $y=C$(C 为常数),幂函数 $y=x^{\mu}$(μ 为常数),指数函数 $y=a^x$($a>0$ 且 $a \neq 1$),对数函数 $y=\log_a x$ ($x>0$),三角函数 $y=\sin x$、$y=\cos x$、$y=\tan x$、$y=\cot x$、$y=\sec x$、$y=\csc x$ 和反三角函数 $y=\arcsin x$、$y=\arccos x$、$y=\arctan x$、$y=\text{arccot } x$ 统称为基本初等函数.

(2) 反函数

设有函数 $y=f(x)$,其定义域为 D,值域为 M,如果对于 M 中的每一个 y 值($y \in M$),都可以从 $y=f(x)$ 确定唯一的 x 值($x \in D$)与之对应,那么所确定的以 y 为自变量的函数 $x=\varphi(y)$ 或 $x=f^{-1}(y)$ 叫做函数 $y=f(x)$ 的反函数,它的定义域为 M,值域为 D,$y=f(x)$ 称为直接函数.

(3) 复合函数

如果 y 是 u 的函数,则 $y=f(u)$,而 u 又是 x 的函数,则 $u=\varphi(x)$,且 $u=\varphi(x)$ 的值域包含在函数 $y=f(u)$ 的定义域内,那么 y(通过 u 的关系)也是 x 的函数,则称这样的函数为

$y=f(u)$ 与 $u=\varphi(x)$ 复合而成的函数,简称为复合函数.记作 $y=f[\varphi(x)]$,其中 u 称为中间变量.

1.1.2 函数的极限

1. 极限定义

设 $f(x)$ 在 x_0 的某一去心邻域 $N(\hat{x}_0,\delta)$ 内有定义,如果 x 在 $N(\hat{x}_0,\delta)$ 内无限接近于 x_0,即 $x \to x_0$(x 可以不等于 x_0)时,函数 $f(x)$ 的值无限接近于一个确定的常数 A,则称 A 为函数 $f(x)$ 在 $x \to x_0$ 时的极限,记为 $\lim\limits_{x \to x_0} f(x)=A$ 或当 $x \to x_0$ 时 $f(x) \to A$.

如果当 $x \to x_0^-$ 时,函数 $f(x)$ 无限接近于一个确定的常数 A,则称 A 为函数 $f(x)$ 在 $x \to x_0$ 时的左极限.记为 $\lim\limits_{x \to x_0^-} f(x)=A$ 或 $f(x_0^-)=A$ 或 $f(x_0-0)=A$ 或在 $x \to x_0^-$ 时 $f(x) \to A$.

如果当 $x \to x_0^+$ 时,函数 $f(x)$ 无限接近于一个确定的常数 A,则称 A 为函数 $f(x)$ 在 $x \to x_0$ 时的右极限.记为 $\lim\limits_{x \to x_0^+} f(x)=A$ 或 $f(x_0^+)=A$ 或 $f(x_0+0)=A$ 或当 $x \to x_0^+$ 时 $f(x) \to A$.

如果当 x 的绝对值无限增大,即 $x \to \infty$ 时,函数 $f(x)$ 无限接近于一个确定的常数 A,则称 A 为函数 $f(x)$ 在 $x \to \infty$ 时的极限.

2. 极限的四则运算

设在 x 的同一变化过程中,$\lim f(x)=A$,$\lim g(x)=B$(A,B 为常数),则:

① $\lim[f(x) \pm g(x)]=\lim f(x) \pm \lim g(x)=A \pm B$;

② $\lim[f(x) \cdot g(x)]=\lim f(x) \cdot \lim g(x)=A \cdot B$.

特别地,有
$$\lim[f(x)]^n=[\lim f(x)]^n=A^n,$$
$$\lim Cf(x)=C\lim f(x)=CA.(C \text{ 为常数})$$

③ $\lim \dfrac{f(x)}{g(x)}=\dfrac{\lim f(x)}{\lim g(x)}=\dfrac{A}{B}(B \neq 0)$.

3. 无穷小与无穷大

（1）无穷小

极限为零的变量称为无穷小量,简称为无穷小.即:$\lim \alpha(x)=0$,则称 $\alpha(x)$ 为 x 在这一变化过程中的无穷小.

（2）无穷大

在自变量 x 的某一变化过程中,若 $f(x)$ 的绝对值无限增大,则称 $f(x)$ 为 x 在这一变化过程中的无穷大量,简称为无穷大.如果 $f(x)$(或 $-f(x)$)无限增大,则称 $f(x)$ 为 x 在这一变化过程中的正(负)无穷大.

（3）无穷小的性质

① 有限个无穷小的代数和仍是无穷小.

② 有限个无穷小的乘积仍是无穷小.

③ 有界函数与无穷小的乘积仍是无穷小.

④ 常数与无穷小的乘积仍是无穷小.

（4）无穷小与无穷大的关系

若 $f(x)$ 是无穷小，且 $f(x) \neq 0$，则 $\dfrac{1}{f(x)}$ 就是无穷大；若 $f(x)$ 是无穷大，则 $\dfrac{1}{f(x)}$ 就是无穷小．

（5）无穷小的阶

设 α、β 都是自变量在同一变化过程中的无穷小，又 $\lim \dfrac{\beta}{\alpha}$ 也是在这个变化过程中的极限．

① 若 $\lim \dfrac{\beta}{\alpha} = 0 \left(\text{或} \lim \dfrac{\alpha}{\beta} = \infty\right)$，则称 β 是比 α 高阶的无穷小，记为 $\beta = o(\alpha)$，也称 α 是比 β 低阶的无穷小．

② 若 $\lim \dfrac{\beta}{\alpha} = C$（$C$ 为常数），则称 β 与 α 为同阶的无穷小．

特别地，当 $C = 1$ 时，称 β 与 α 为等价无穷小，记为 $\alpha \sim \beta$．

4. 两个重要极限

（1）$\lim\limits_{x \to 0} \dfrac{\sin x}{x} = 1$

此重要极限是 "$\dfrac{0}{0}$" 型，为了强调形式，可以把它写成一般形式 $\lim\limits_{\varphi(x) \to 0} \dfrac{\sin[\varphi(x)]}{\varphi(x)} = 1$

[其中 $\varphi(x)$ 是任意函数].

（2）$\lim\limits_{x \to \infty} \left(1 + \dfrac{1}{x}\right)^x = e$

$\lim\limits_{\varphi(x) \to \infty} \left(1 + \dfrac{1}{\varphi(x)}\right)^{\varphi(x)} = e$ 或 $\lim\limits_{\varphi(x) \to 0} [1 + \varphi(x)]^{\frac{1}{\varphi(x)}} = e$ [其中 $\varphi(x)$ 是任意函数].

1.1.3　初等函数的连续性

（1）函数的连续

设函数 $y = f(x)$ 在 x_0 的某邻域内有定义，若 $\lim\limits_{x \to x_0} f(x) = f(x_0)$，则称函数 $y = f(x)$ 在点 x_0 处连续．

（2）第一类间断点

若 $\lim\limits_{x \to x_0^-} f(x)$ 和 $\lim\limits_{x \to x_0^+} f(x)$ 均存在，则称 x_0 为 $f(x)$ 的第一类间断点．当 $\lim\limits_{x \to x_0^-} f(x) = \lim\limits_{x \to x_0^+} f(x)$ 时，即 $\lim\limits_{x \to x_0} f(x)$ 存在，但不等于 $f(x_0)$ 时，称 x_0 为 $f(x)$ 的可去间断点；当 $\lim\limits_{x \to x_0^-} f(x) \neq \lim\limits_{x \to x_0^+} f(x)$ 时，称 x_0 为 $f(x)$ 的跳跃间断点．

（3）第二类间断点

若 $\lim\limits_{x \to x_0^-} f(x)$ 和 $\lim\limits_{x \to x_0^+} f(x)$ 中至少有一个不存在（即除第一类间断点以外），则称 x_0 为 $f(x)$ 的第二类间断点．若 $\lim\limits_{x \to x_0} f(x) = \infty$，则称 x_0 为 $f(x)$ 的无穷间断点．

（4）求初等函数在定义内某点 x_0 处的极限

求初等函数在定义内某点 x_0 处的极限，就等于求该点的函数值，即：$\lim\limits_{x \to x_0} f(x) = f(x_0)$．

（5）求连续的复合函数的极限

求连续的复合函数的极限时，极限符号"$\lim\limits_{x \to x_0}$"与函数符号"f"可交换次序．

（6）求连续函数极限

连续函数求极限时，可作代换：$\lim\limits_{x \to x_0} f[\varphi(x)] = \lim\limits_{u \to a} f(u)$，其中 $u = \varphi(x)$，$a = \lim\limits_{x \to x_0} \varphi(x)$．

（7）闭区间上的值

闭区间上的连续函数一定存在最大值和最小值．

（8）函数 $f(x)$ 在闭区间的连续

若函数 $f(x)$ 在闭区间 $[a,b]$ 上连续，且 $f(a) \neq f(b)$，则对任何介于 $f(a)$ 与 $f(b)$ 之间的数 μ，至少存在一点 $\xi \in (a,b)$，使得 $f(\xi) = \mu$．

（9）根的存在性质

若函数 $f(x)$ 在闭区间 $[a,b]$ 上连续，且 $f(a)$ 与 $f(b)$ 异号，则至少存在一点 $\xi \in (a,b)$，使得 $f(\xi) = 0$．

1.2　重难点分析

1. 函数的定义域

（1）函数的定义域

自变量的取值范围称为函数的定义域．在实际问题中，应根据实际意义来确定定义域．求复杂函数的定义域就是求解由简单函数定义域所构成不等式组的解集．

（2）几个简单函数的定义域

① 分式的分母不为零．

② 负数不能开偶次方．

③ 对数的底是非 1 的正数，真数必须大于零．

④ 对于 $y = \tan x$，$y = \sec x$，$x \neq k\pi + \dfrac{\pi}{2}$，$k \in z$；

对于 $y = \cot x$，$y = \csc x$，$x \neq k\pi$；$k \in z$．

⑤ 对于反正弦函数 $y = \arcsin x$ 和反余弦函数 $y = \arccos x$，$|x| \leqslant 1$．

2. 复合函数

复合函数可以分解成基本初等函数和多项式函数（简单函数）．

3. 极限值

极限值等于在此点的函数值，但有的极限不一定，极限值只表示函数的变化趋势，与该点的函数值是两个不同的概念．

注意：在求极限时，在一个变量前加上记号"$\lim$"表示对变量进行取极限运算，若变量极限存在，所指不是变量本身而是极限．未求完极限."$\lim$"不能去掉．

4. 几类极限的求法

（1）直接代入法

对有理整函数及有理分式函数求极限．

且有理分式分母在 x_0 点极限不等于零时，只要将 x_0 代入函数，极限值等于函数值，即

$$\lim_{x \to x_0} f(x) = f(x_0).$$

（2）约去零因子法

当 $x \to x_0$ 时，分子分母极限为零$\left(称\dfrac{0}{0}型\right)$需要通过因式分解的方法，约去极限为零的式，这种方法对某些 $\dfrac{0}{0}$ 型极限可求得.

5．$\lim\limits_{x \to 0} \dfrac{\sin x}{x} = 1$

① 重要极限呈"$\dfrac{0}{0}$"型，可形象地写成 $\lim\limits_{\square \to 0} \dfrac{\sin \square}{\square} = 1$（方框□代表同一变量）.

② 适用三角函数、反三角函数的"$\dfrac{0}{0}$"型，用时注意变量□→0，否则不用.

6．$\lim\limits_{x \to \infty} \left(1 + \dfrac{1}{x}\right)^x = e$

① $\lim\limits_{\square \to 0} (1 + \square)^{\frac{1}{\square}}$ 形式.

② 对指数函数、对数函数的"1^{∞}"型极限，可用此公式将函数化成 $\left(1 + \dfrac{1}{\varphi(x)}\right)^{\varphi(x)}$ 或 $[1 + \varphi(x)]^{\frac{1}{\varphi(x)}}$ 形式.

7．判断函数在某点是否连续
① 观察有没有定义，没有就不连续.
② 求该点的左右极限，不相等也不连续.
③ 判断极限与函数值是否相等，相等即连续，不等就不连续.
8．求分段函数的连续区间必须判断分界点的连续性.
9．间断点
① 跳跃间断点——左右极限存在但是不等.
② 可去间断点——极限存在，但是不等于函数值.
③ 无穷间断点——左右极限至少有一个是无穷.

1.3　典型例题

例 1.　求函数 $y = \sqrt{x^2 - x - 6} + \arcsin \dfrac{2x - 1}{7}$ 的定义域.

解：　使 $\sqrt{x^2 - x - 6}$ 有定义，必须满足 $x^2 - x - 6 \geqslant 0$，即
$$(x - 3)(x + 2) \geqslant 0$$
解得
$$x \geqslant 3 \ 或 \ x \leqslant -2$$
使 $\arcsin \dfrac{2x - 1}{7}$ 有定义，必须满足 $\left| \dfrac{2x - 1}{7} \right| \leqslant 1$，即
$$-3 \leqslant x \leqslant 4$$

所以,所求函数的定义域是 $[-3,-2] \cup [3,4]$.

例 2. 分析下列复合函数的结构.

(1) $y = \sqrt{\cot \dfrac{x}{2}}$;   (2) $y = e^{\sin \sqrt{x^2+1}}$

解: (1) $y = \sqrt{u}$, $u = \cot v$, $v = \dfrac{x}{2}$;

      (2) $y = e^u$, $u = \sin v$, $v = \sqrt{t}$, $t = x^2 + 1$.

例 3. 求 $\lim\limits_{x \to +\infty} a^x$ $(0 < a < 1)$; $\lim\limits_{x \to -\infty} a^x$ $(a > 1)$.

解:

如图 1-1 所示,$\lim\limits_{x \to +\infty} a^x = 0$ $(0 < a < 1)$ (无限接近 x 轴)

$$\lim\limits_{x \to -\infty} a^x = 0 \qquad (a > 1)$$

例 4. 讨论函数 $f(x) = \begin{cases} x - 1 & x \leqslant 0 \\ 2x & x > 0 \end{cases}$ 当 $x \to 0$ 时的极限.

解: 如图 1-2 所示,

$$\lim\limits_{x \to 0^-} f(x) = \lim\limits_{x \to 0^-} (x-1) = 1 ; \quad \lim\limits_{x \to 0^+} f(x) = \lim\limits_{x \to 0^+} 2x = 0$$

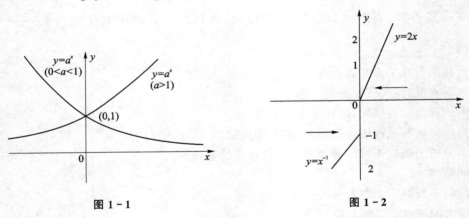

图 1-1   图 1-2

因为当 $x = 0$ 时,函数 $f(x)$ 的左极限与右极限各自存在但不相等,所以,$\lim\limits_{x \to 0} f(x)$ 不存在.

例 5. 求 (1) $\lim\limits_{x \to 2} \dfrac{x-2}{x^2-4}$;   (2) $\lim\limits_{x \to 2} \dfrac{x^2+2x-8}{x-2}$;   (3) $\lim\limits_{x \to +\infty} (\sqrt{1+x} - \sqrt{x})$.

解: (1) $\lim\limits_{x \to 2} \dfrac{x-2}{x^2-4} = \lim\limits_{x \to 2} \dfrac{x-2}{(x+2)(x-2)} = \lim\limits_{x \to 2} \dfrac{1}{x+2} = \dfrac{1}{4}$;

      (2) $\lim\limits_{x \to 2} \dfrac{x^2+2x-8}{x-2} = \lim\limits_{x \to 2} \dfrac{(x+4)(x-2)}{x-2} = \lim\limits_{x \to 2} (x+4) = 6$;

      (3) $\lim\limits_{x \to +\infty} \dfrac{(\sqrt{1+x} - \sqrt{x})(\sqrt{1+x} + \sqrt{x})}{(\sqrt{1+x} + \sqrt{x})} = \lim\limits_{x \to +\infty} \dfrac{1-x+x}{(\sqrt{1+x} + \sqrt{x})}$

$$\lim\limits_{x \to +\infty} \dfrac{1}{(\sqrt{1+x} + \sqrt{x})} = 0.$$

例 6. 　求 (1) $\lim\limits_{x \to 1} \dfrac{x+4}{x-1}$；　　　　(2) $\lim\limits_{x \to 0} \dfrac{x}{x+1}$；　　　　(3) $\lim\limits_{x \to \infty} \dfrac{x^2-9x+4}{2x^3+3x^2-1}$.

解： (1) $\lim\limits_{x \to 1} \dfrac{x+4}{x-1}=\infty$；

(2) $\lim\limits_{x \to 0} \dfrac{x}{x+1}=0$；

(3) 分子分母同除以 x^3，得

$$\lim_{x \to \infty} \frac{x^2-9x+4}{2x^3+3x^2-1}=\lim_{x \to \infty} \frac{\dfrac{1}{x}-\dfrac{3}{x^2}+\dfrac{4}{x^3}}{2+\dfrac{3}{x}-\dfrac{1}{x^3}}=\frac{\lim\limits_{x \to \infty}\dfrac{1}{x}-\lim\limits_{x \to \infty}\dfrac{3}{x^2}+\lim\limits_{x \to \infty}\dfrac{4}{x^3}}{\lim\limits_{x \to \infty}2+\lim\limits_{x \to \infty}\dfrac{3}{x}-\lim\limits_{x \to \infty}\dfrac{1}{x^3}}$$

$$=\frac{0-3\times 0+4\times 0}{2+3\times 0-0}=0.$$

例 7. 　求 $\lim\limits_{x \to 0} \dfrac{x^2}{\sin^2\left(\dfrac{x}{3}\right)}$.

解： $\lim\limits_{x \to 0} \dfrac{x^2}{\sin^2\left(\dfrac{x}{3}\right)}=\lim\limits_{x \to 0} \dfrac{9\dfrac{x^2}{9}}{\sin^2\left(\dfrac{x}{3}\right)}=9\lim\limits_{x \to 0} \left(\dfrac{\dfrac{x}{3}}{\sin\dfrac{x}{3}}\right)^2=9.$

例 8. 　求 $\lim\limits_{t \to 0} \dfrac{1-\cos 2t}{t^2}$.

解： $\lim\limits_{t \to 0} \dfrac{1-\cos 2t}{t^2}=\lim\limits_{t \to 0} \dfrac{2\sin^2 t}{t^2}=2\lim\limits_{t \to 0} \left(\dfrac{\sin t}{t}\right)^2=2\times 1=2.$

注：导出公式：$\sin^2 t=\dfrac{1-\cos 2t}{2}$.

例 9. 　求 $\lim\limits_{x \to 0} [1+3\tan^2 x]^{\cot^2 x}$.

解： 令 $t=3\tan^2 x$，　$\tan^2 x=\dfrac{t}{3}$，　$\cot^2 x=\dfrac{3}{t}$

当 $x \to 0$ 时，$t \to 0$，于是 $\lim\limits_{x \to 0} [1+3\tan^2 x]^{\cot^2 x}=\lim\limits_{t \to 0} \left[(1+t)^{\frac{1}{t}}\right]^3=\mathrm{e}^3.$

例 10. 　求 $\lim\limits_{x \to 0} \left(\dfrac{2-x}{3-x}\right)^x$.

解： 令 $\dfrac{2-x}{3-x}=1+\dfrac{1}{u}$，　解得，$x=u+3$

当 $x=0$ 时，$u \to \infty$，于是

$$\lim_{x \to 0} \left(\frac{2-x}{3-x}\right)^x=\lim_{u \to \infty} \left(1+\frac{1}{u}\right)^u \lim_{u \to \infty} \left(1+\frac{1}{u}\right)^3=\mathrm{e}\cdot 1=\mathrm{e}.$$

例 11. 　结合图形，说明下列函数在给定点处或区间上是否连续.

$$f(x)=|x|=\begin{cases} x & x>0 \\ 0 & x=0 \\ -x & x<0 \end{cases}$$

解： 如图 1-3 所示，函数在 $x=0$ 处及近旁有意义，且 $\lim\limits_{x \to 0^-} f(x) = \lim\limits_{x \to 0^-} (-x) = 0$，$\lim\limits_{x \to 0^+} f(x) = \lim\limits_{x \to 0^+} x = 0$，又 $f(0) = 0$， 即 $\lim\limits_{x \to 0} f(x) = f(0)$，故

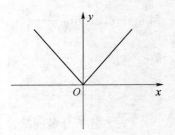

图 1-3

函数 $f(x) = |x| = \begin{cases} x & x>0 \\ 0 & x=0 \\ -x & x<0 \end{cases}$ 在 $x=0$ 处连续.

例 12. 讨论下列函数的连续性，如有间断点，指出其类型.

$$(1)\ y = \frac{x^2-1}{x^2-3x+2}; \qquad (2)\ y = \begin{cases} e^{\frac{1}{x}} & x>0 \\ 1 & x=0 \\ x & x<0 \end{cases}.$$

解： (1) 由于 $y = \dfrac{x^2-1}{x^2-3x+2}$ 的定义域为 $(-\infty,1) \bigcup (1,2) \bigcup (2,+\infty)$，因此，函数在以上区间内连续，且 $x=1$、$x=2$ 为间断点，

又因为 $\lim\limits_{x \to 1} \dfrac{x^2-1}{x^2-3x+2} = \lim\limits_{x \to 1} \dfrac{(x-1)(x+1)}{(x-1)(x-2)} = -2$，$\lim\limits_{x \to 2} \dfrac{x^2-1}{x^2-3x+2} = \infty$

所以， $x_1 = 1$ 为可去间断点； $x_2 = 2$ 为无穷间断点.

(2) 由于 $y = \begin{cases} e^{\frac{1}{x}} & x<0 \\ 1 & x=0 \\ x & x>0 \end{cases}$ 为分段函数，当 $x<0$ 及 $x>0$ 时为初等函数. 因此，y 在 $(-\infty,0)$ 及 $(0,+\infty)$ 内连续.

而 $\lim\limits_{x \to 0^-} f(x) = \lim\limits_{x \to 0^-} e^{\frac{1}{x}} = 0$，$\lim\limits_{x \to 0^+} f(x) = \lim\limits_{x \to 0^+} x = 0$，且 $f(0) = 1$，因此可知，$\lim\limits_{x \to 0} f(x) = 0 \neq f(1)$ 即 $x=0$ 为 $f(x)$ 的可去间断点.

例 13. 求 $\lim\limits_{x \to +\infty} \arcsin\left[\sqrt{x^2+x} - x \right]$.

解： $\lim\limits_{x \to +\infty} \arcsin\left[\sqrt{x^2+x} - x \right] = \arcsin\left[\lim\limits_{x \to +\infty} \left(\sqrt{x^2+x} - x \right) \right]$

$= \arcsin\left[\lim\limits_{x \to +\infty} \dfrac{\left(\sqrt{x^2+x} - x \right)\left(\sqrt{x^2+x} + x \right)}{\sqrt{x^2+x} + x} \right]$

$= \arcsin\left[\lim\limits_{x \to +\infty} \dfrac{x}{\sqrt{x^2+x} + x} \right] = \arcsin\dfrac{1}{2} = \dfrac{\pi}{6}$

例 14. 证明方程 $x^4 - 4x^2 + 7x - 10 = 0$ 在区间 $(1,2)$ 内至少有一根.

证明： 设函数 $y = x^4 - 4x^2 + 7x - 10$，$f(x)$ 在闭区间 $[1,2]$ 上连续，且 $f(1) = -6 < 0$，$f(2) = 4 > 0$. 由定理知，在区间 $(1,2)$ 内至少有一个 c，使 $f(c) = 0$，即 $c^4 - 4c^2 + 7c - 10 = 0$.

这就证明，方程 $x^4 - 4x^2 + 7x - 10 = 0$ 在区间 $(1,2)$ 内至少有一根.

1.4 基础练习

1. 求函数的定义域.

   (1) $y = \dfrac{1}{\sqrt{x+2}} + \sqrt{x(x-1)}$; (2) $y = \arcsin \dfrac{x-1}{2}$; (3) $y = \sqrt{\sin x}$.

2. 设函数 $f(x) = \begin{cases} x^2+1 & x<0 \\ x & x\geqslant 0 \end{cases}$,作出 $f(x)$ 的图像.

3. 指出下列函数是由哪些简单的函数复合而成的.

   (1) $y = \sqrt{2-x^2}$; (2) $y = \tan\sqrt{1+x}$;

   (3) $y = \sin^2(1+2x)$; (4) $y = [\arcsin(1-x^2)]^3$;

   (5) $y = \sin 2x$; (6) $y = \cos \dfrac{1}{x-1}$.

4. 设函数 $f(x) = \begin{cases} x^2 & x<0 \\ x & x\geqslant 0 \end{cases}$,求 $\lim\limits_{x\to 0^+} f(x)$ 及 $\lim\limits_{x\to 0^-} f(x)$,并确定 $\lim\limits_{x\to 0} f(x)$ 的极限是否存在.

5. 观察下列各函数,分析哪些是无穷小,哪些是无穷大.

   (1) $y = \dfrac{1+2x}{x}$ $(x\to 0)$; (2) $y = \dfrac{1+2x}{x^2}$ $(x\to\infty)$;

   (3) $y = \tan x$ $(x\to 0)$; (4) e^{-x} $(x\to +\infty)$.

6. 求下列极限.

   (1) $\lim\limits_{x\to 0} x^2 \sin\dfrac{1}{x^2}$; (2) $\lim\limits_{x\to\infty}\dfrac{1}{x}\arctan x$; (3) $\lim\limits_{x\to\infty}\dfrac{\sin x+\cos x}{x}$.

7. 求下列极限.

   (1) $\lim\limits_{x\to 1}(2x-1)$; (2) $\lim\limits_{x\to 2}\dfrac{x+5}{x-3}$; (3) $\lim\limits_{x\to 1}(x+1)$;

   (4) $\lim\limits_{n\to\infty}\dfrac{1}{3^n}$; (5) $\lim\limits_{n\to\infty}\left[4+\dfrac{1}{n^2}\right]$; (6) $\lim\limits_{x\to\infty}\dfrac{x^3+x}{x^3-3x+4}$;

   (7) $\lim\limits_{x\to +\infty}(\sqrt{x+5}-\sqrt{x})$.

8. 求下列极限.

   (1) $\lim\limits_{x\to\infty} x\tan\dfrac{1}{x}$; (2) $\lim\limits_{x\to +\infty} 2^x \sin\dfrac{1}{2^x}$;

   (3) $\lim\limits_{x\to 1}\dfrac{\sin^2(x-1)}{x-1}$; (4) $\lim\limits_{x\to\infty}(1+\dfrac{2}{x})^{x+2}$.

9. 用等价无穷小代换定理,求下列极限.

   (1) $\lim\limits_{x\to 0}\dfrac{1-\cos x}{x\tan x}$; (2) $\lim\limits_{x\to +\infty}\dfrac{\sin ax}{\sqrt{1-\cos x}}$.

10. 讨论下列函数的连续性,如有间断点,指出其类型.

(1) $y=\dfrac{\tan 2x}{x}$;   (2) $y=\dfrac{2^{\frac{1}{x}}-1}{2^{\frac{1}{x}}+1}$.

11. 已知 a,b 为常数, $\lim\limits_{x\to\infty}\dfrac{ax^2+bx+5}{3x+2}=5$, 求 a,b 的值.

12. 求函数 $f(x)=\dfrac{1}{\sqrt{x^2-1}}$ 的连续区间.

13. 设函数 $f(x)=\dfrac{|x|-x}{x}$, 求 $\lim\limits_{x\to 0^+}f(x)$ 及 $\lim\limits_{x\to 0^-}f(x)$ 并讨论 $\lim\limits_{x\to 0}f(x)$ 的极限是否存在.

1.5 同步自测

1.5.1 同步自测 1

1. 选择题.

(1) 下列函数中既非奇函数又非偶函数的是(   ).

　A. $y=\sin^3 x$ B. $y=x^3+1$ C. $y=x^3+x$ D. $y=x^3-x$

(2) 设 $f(x)=4x^2+bx+5$, 若 $f(x+1)-f(x)=8x+3$, 则 $b=$(   ).

　A. 1   B. -1 C. 2   D. -2

(3) 函数 $f(x)=\sin(x^2-x)$ 是(   ).

　A. 有界函数   B. 周期函数   C. 奇函数   D. 偶函数

(4) 下列复合函数 $y=\cos^2(3x+1)$ 的拆解过程符合要求的是(   ).

　A. $y=\cos u^2, u=3x+1$ B. $y=u^2, u=\cos v, v=3x+1$

　C. $y=\cos^2 u, u=3x+1$ D. $y=u^2, u=\cos(3x+1)$

(5) 当 $x\to 0$ 时, 下列变量为无穷小的是(   ).

　A. e^{x^2} B. $\dfrac{x-1}{x+1}$ C. $\sin^2 x$ D. $\cos\dfrac{1}{x}$

(6) 当 $x\to 0$ 时, $\sin x$ 与 x 相比是(   ).

　A. 高阶无穷小   B. 低阶无穷小

　C. 等价无穷小   D. 以上都不对

(7) 如果函数 $y=f(x)$ 在点 x_0 处间断, 则(   ).

　A. $\lim\limits_{x\to x_0}f(x)$ 不存在   B. $f(x_0)$ 不存在

　C. $\lim\limits_{x\to x_0}f(x)\neq f(x_0)$ D. 以上三种情况至少有一种发生

2. 填空题.

(1) 函数 $y=3^x+1$ 的反函数是_____.

(2) 函数 $f(x)=\sqrt{9-x^2}+\ln(x-1)$ 的连续区间为_____.

(3) 若 $\lim\limits_{n\to\infty}\dfrac{an^3+bn^2+2}{2n^2+2n+1}=1$, 则 $a=$_____, $b=$_____.

(4) 设 $f(x)$ 在 $x=1$ 处连续, 且 $\lim\limits_{x\to 1}\dfrac{f(x)-2}{x-1}=1$, 则 $f(1)=$_____.

(5) 设函数 $f(x)=\begin{cases} \dfrac{1}{1-x} & x<0 \\ 0 & x=0 \\ x & 0<x<1, \\ 1 & 1\leqslant x<2 \end{cases}$,则 $\lim\limits_{x\to 0^+}f(x)=$ _____ ,$\lim\limits_{x\to 0^-}f(x)=$ _____ ,

$\lim\limits_{x\to 0}f(x)=$ _____ ,$\lim\limits_{x\to 1}f(x)=$ _____ ,间断点为 _____ .

3. 综合题

(1) $f(x)=\begin{cases} 1 & x>1 \\ x & -1\leqslant x\leqslant 1, \\ -x-1 & x<-1 \end{cases}$,求 $\lim\limits_{x\to 1}f(x)$ 及 $\lim\limits_{x\to -1}f(x)$.

(2) $f(x)=\begin{cases} x\sin\dfrac{1}{x} & x>0 \\ x & x<0 \end{cases}$,证明 $\lim\limits_{x\to 0}f(x)$ 是否存在.

(3) 求下列极限.

① $\lim\limits_{x\to 3}(x^2+1)$;

② $\lim\limits_{x\to 1}\left(\dfrac{2}{x^2-1}-\dfrac{1}{x-1}\right)$;

③ $\lim\limits_{n\to\infty}\dfrac{1+2+3+\cdots+(n-1)}{n^2}$;

④ $\lim\limits_{x\to\infty}\dfrac{(2x-1)^{300}(3x-2)^{200}}{(2x+1)^{500}}$;

⑤ $\lim\limits_{x\to 0}\dfrac{\sin^2(x-1)}{x-1}$;

⑥ $\lim\limits_{x\to 0}(1-2x)^{\frac{1}{x}}$

⑦ $\lim\limits_{x\to\infty}\left(+\dfrac{2}{x}\right)^{x+2}$

⑧ $\lim\limits_{x\to\infty}\left(\dfrac{2x-1}{2x+1}\right)^{x+1}$.

(4) 讨论函数 $f(x)=\begin{cases} 2x-1 & x<1 \\ 0 & x=1 \\ x & x<1 \end{cases}$ 在 $x=1$ 处的连续性.

(5) 讨论函数 $\dfrac{\sin x}{|x|}$ 的连续性,如有间断点,指出其类型.

(6) 求 $f(x)=\dfrac{1}{\sqrt{x^2-1}}$ 的连续区间.

(7) 证明方程 $x-2\sin x=1$ 至少有一个正根小于 3.

1.5.2 同步自测 2

1. 选择题.

(1) 下列各选项中,( )中的函数是相等的.

A. $f(x)=2\ln x$,$g(x)=\ln x^2$

B. $f(x)=\dfrac{x}{x}$,$g(x)=1$

C. $f(x)=\sqrt{x^2}$,$g(x)=x$

D. $f(x)=-\operatorname{sgn}(1-x)$,$g(x)=\begin{cases} -1 & x<1 \\ 0 & x=1 \\ 1 & x>1 \end{cases}$

(2) 下列函数中,非奇非偶的函数为(   ).

A. $y = |x| + 1$ B. $y = \arctan x$

C. $y = \sin x + \cos x$ D. $y = e^{x^2}$

(3) 若 $\lim\limits_{x \to x_0} f(x)$ 存在,$\lim\limits_{x \to x_0} g(x)$ 不存在,则下列命题中正确的是( ).

A. $\lim\limits_{x \to x_0}(f(x) + g(x))$ 与 $\lim\limits_{x \to x_0} f(x)g(x)$ 都存在

B. $\lim\limits_{x \to x_0}(f(x) + g(x))$ 与 $\lim\limits_{x \to x_0} f(x)g(x)$ 都不存在

C. $\lim\limits_{x \to x_0}(f(x) + g(x))$ 必不存在,$\lim\limits_{x \to x_0} f(x)g(x)$ 可能存在

D. $\lim\limits_{x \to x_0}(f(x) + g(x))$ 可能存在,$\lim\limits_{x \to x_0} f(x)g(x)$ 必不存在

(4) 若 $\lim\limits_{x \to x_0} f(x) = 1$,则(   ).

A. $f(x_0) = 1$ B. $f(x_0) > 1$ C. $f(x_0) < 1$ D. $f(x_0)$ 可能不存在

(5) $\lim\limits_{x \to x_0^-} f(x)$,$\lim\limits_{x \to x_0^+} f(x)$ 都存在是 $\lim\limits_{x \to x_0} f(x)$ 存在的(   ).

A. 充分但非必要条件   B. 必要但非充分条件

C. 充分且必要条件   D. 非充分也非必要条件

(6) 当 $x \to 0$ 时,下面四个无穷小量中,(   )是比其他三个更高阶的无穷小量.

A. x^2 B. $1 - \cos x$ C. $\sqrt{1 - x^2} - 1$ D. $x(e^{x^2} - 1)$

2. 填空题

(1) 函数 $y = \lg(x - 1) + \dfrac{1}{\sqrt{x + 1}}$ 的定义域为_____.

(2) $\lim\limits_{x \to 0} x \sin \dfrac{1}{x} = $_____,$\lim\limits_{x \to \infty} x \sin \dfrac{1}{x} = $_____.

(3) 若 $\lim\limits_{x \to 1} \dfrac{x^3 + 2x + a}{x - 1} = b$,则 $a = $_____,$b = $_____.

(4) 设函数 $f(x) = \begin{cases} \dfrac{\sin 2x^2 - \sin 3x^2}{x^2} & x \neq 0 \\ A & x = 0 \end{cases}$ 在 $x = 0$ 点连续,则 $A = $_____.

(5) 设 $f(x) = \begin{cases} \dfrac{\sin x}{x} & x < 0 \\ e^x + 1 & x \geqslant 0 \end{cases}$,则 $x = 0$ 是_____间断点.

3. 综合题.

(1) 设 $f(x) = \begin{cases} \sin x & x \geqslant \dfrac{\pi}{2} \\ \dfrac{2}{\pi} x & x < \dfrac{\pi}{2} \end{cases}$,试判断极限 $\lim\limits_{x \to \frac{\pi}{2}} f(x)$ 是否存在.

(2) 当 $x \to 0$ 时,证明:

① $\arcsin x = x$ ② $\tan \dfrac{x^2}{2} = 1 - \cos x$

（3）求下列极限.

① $\lim\limits_{x \to +\infty} \arccos(\sqrt{x^2+x}+x)$；

② $\lim\limits_{x \to 4} \dfrac{\sqrt{2x+1}-3}{\sqrt{x-2}-\sqrt{2}}$；

③ $\lim\limits_{x \to 0} \dfrac{\log_a(1+3x)}{x}$；

④ $\lim\limits_{x \to 0} \dfrac{2^{\frac{1}{x}}-1}{2^{\frac{1}{x}}+1}$；

⑤ $\lim\limits_{x \to \infty} \dfrac{3x^2+5}{5x+3} \sin \dfrac{2}{x}$.

（4）设函数 $f(x)=\begin{cases} \dfrac{e^{2x}-1}{\sin x} & x>0 \\ a & x=0 \\ \cos x + b & x<0 \end{cases}$ 在 $(-\infty, +\infty)$ 内连续, 求常数 a, b 的值.

（5）讨论下面函数的连续性, 并指出间断点及其类型.

① $f(x)=\begin{cases} e^{\frac{1}{x}} & x \neq 0 \\ 0 & x=0 \\ x & x>0 \end{cases}$；

② $f(x)=\dfrac{x^2-1}{x(x-1)}$.

第 2 章　一元函数微分学及其应用

2.1　知识梳理

2.1.1　导　数

1. 基本概念

设函数 $y=f(x)$ 在点 x_0 的某个领域内有定义,则有下列定义式:

导数

$$f'(x_0)=\lim_{\Delta x\to 0}\frac{\Delta y}{\Delta x}=\lim_{\Delta x\to 0}\frac{f(x_0+\Delta x)-f(x_0)}{\Delta x}$$

导函数

$$f'(x)=\lim_{\Delta x\to 0}\frac{f(x+\Delta x)-f(x)}{\Delta x}$$

微分

$$\mathrm{d}y=f'(x_0)\Delta x$$

二阶导数

$$y''=(y')'=f''(x)\text{ 或 }\frac{\mathrm{d}^2 y}{\mathrm{d}x^2}=\frac{\mathrm{d}}{\mathrm{d}y}\left(\frac{\mathrm{d}y}{\mathrm{d}x}\right)$$

2. 概念之间的关系

(1) 可导与连续的关系

如果 $y=f(x)$ 函数在点 x_0 处可导,则它一定在点 x_0 处连续.

(2) 可导与可微的关系

函数 $y=f(x)$ 在点 x_0 处可微的充分必要条件是函数 $f(x)$ 在点 x_0 可导.

3. 导数与微分的几何意义

(1) 导数的几何意义

函数 $y=f(x)$ 在点 x_0 的导数就是曲线 $y=f(x)$ 在 (x_0,y_0) 处的切线的斜率,即

$$f'(x_0)=\lim_{\Delta x\to 0}\frac{\Delta y}{\Delta x}=\tan\alpha=k_{切}\left(\text{其中 }\alpha\neq\frac{\pi}{2}\right)$$

(2) 微分的几何意义

函数 $y=f(x)$ 的微分 $\mathrm{d}y$ 的几何意义就是过点 $M(x,y)$ 的切线的纵坐标的改变量.

2.1.2　求导法则

1. 四则运算法则

设函数 $u=u(x)$ 与 $v=v(x)$ 在点 x 处可导,则:

① $[u(x) \pm v(x)]' = u'(x) \pm v'(x)$；

② $[u(x)v(x)]' = u'(x)v(x) + u(x)v'(x)$；

特别地，$C[u(x)]' = Cu'(x)$（C 为常数）；

③ $\left[\dfrac{u(x)}{v(x)}\right]' = \dfrac{u'(x)v(x) - u(x)v'(x)}{v^2(x)}$ （$v(x) \neq 0$），

特别地，当 $u(x) = C$（C 为常数）时，有

$$\left[\frac{C}{v(x)}\right]' = \frac{-Cv'(x)}{v^2(x)}.$$

2. 复合函数的求导法则

如果函数 $u = \varphi(x)$ 在点 x 处可导，而函数 $y = f(u)$ 在对应的点 u 处可导，那么复合函数 $y = f(\varphi(x))$ 也在点 x 处可导，且有

$$\frac{\mathrm{d}y}{\mathrm{d}x} = \frac{\mathrm{d}y}{\mathrm{d}u} \cdot \frac{\mathrm{d}u}{\mathrm{d}x} \text{ 或 } \{f[\varphi(x)]\}' = f'(u) \cdot \varphi'(x).$$

2.1.3 基本求导公式与微分公式

$C' = 0$（C 为常数）； $\qquad$ $(x^\mu)' = \mu x^{\mu-1}$（μ 为常数）；

$(\log_a x)' = \dfrac{1}{x \ln a}$； $\qquad$ $(\ln x)' = \dfrac{1}{x}$；

$(a^x)' = a^x \ln a$； $\qquad$ $(\mathrm{e}^x)' = \mathrm{e}^x$；

$(\sin x)' = \cos x$； $\qquad$ $(\cos x)' = -\sin x$；

$(\tan x)' = \dfrac{1}{\cos^2 x} = \sec^2 x$； $\qquad$ $(\cot x)' = -\dfrac{1}{\sin^2 x} = -\csc^2 x$；

$(\sec x)' = \sec x \tan x$； $\qquad$ $(\csc x)' = -\csc x \cot x$；

$(\arcsin x)' = \dfrac{1}{\sqrt{1-x^2}}$； $\qquad$ $(\arccos x)' = -\dfrac{1}{\sqrt{1-x^2}}$；

$(\arctan x)' = \dfrac{1}{1+x^2}$； $\qquad$ $(\operatorname{arccot} x)' = -\dfrac{1}{1+x^2}$.

$\mathrm{d}(C) = 0$；

$\mathrm{d}(x^\mu) = \mu x^{\mu-1} \mathrm{d}x$； $\qquad$ $\mathrm{d}(\sin x) = \cos x \, \mathrm{d}x$；

$\mathrm{d}(a^x) = a^x \ln a \, \mathrm{d}x$； $\qquad$ $\mathrm{d}(\cos x) = -\sin x \, \mathrm{d}x$；

$\mathrm{d}(\mathrm{e}^x) = \mathrm{e}^x \mathrm{d}x$； $\qquad$ $\mathrm{d}(\tan x) = \sec^2 x \, \mathrm{d}x$；

$\mathrm{d}(\log_a x) = \dfrac{1}{x \ln a} \mathrm{d}x$； $\qquad$ $\mathrm{d}(\cot x) = -\csc^2 x \, \mathrm{d}x$；

$\mathrm{d}(\ln x) = \dfrac{1}{x} \mathrm{d}x$； $\qquad$ $\mathrm{d}(\sec x) = \sec x \tan x \, \mathrm{d}x$；

$\qquad$ $\mathrm{d}(\csc x) = -\csc x \cot x \, \mathrm{d}x$；

$\mathrm{d}(\arcsin x) = \dfrac{1}{\sqrt{1-x^2}} \mathrm{d}x$； $\qquad$ $\mathrm{d}(\arccos x) = -\dfrac{1}{\sqrt{1-x^2}} \mathrm{d}x$；

$\qquad$ $\mathrm{d}(\operatorname{arccot} x) = -\dfrac{1}{1+x^2} \mathrm{d}x$；

$\mathrm{d}(\arctan x) = \dfrac{1}{1+x^2} \mathrm{d}x$.

2.1.4 在求导运算中常见的函数类型

（1）初等函数

应用基本求导公式、导数的四则运算法则和复合函数的求导法则就可求出初等函数的导数，并且导函数一般还是用初等函数表示.

（2）幂指函数（或乘除因子较多的初等函数）

对数求导法可以简化求导运算，先取对数再求导数.

（3）隐函数

方程两边同时对 x 求导，遇到含有 y 的项，把 y 看成是以 y 为中间变量的复合函数，然后从所得关系中解出 y' 即可.

2.1.5 高阶导数

二阶导数的导数叫做三阶导数，三阶导数的导数叫做四阶导数，……，一般地，$f(x)$ 的 $n-1$ 阶导数的导数叫做 n 阶导数，分别记作

$$y''',y^{(4)},\cdots,y^{(n)};f'''(x),f^{(4)}(x),\cdots,f^{(n)}(x)$$

2.1.6 洛必达法则

设函数 $f(x)$ 与 $g(x)$ 满足条件：

① $\lim\limits_{x\to x_0}f(x)=\lim\limits_{x\to x_0}g(x)=0$；

② 在点 x_0 的某邻域内（点 x_0 可除外）可导，且 $g'(x)\neq0$；

③ $\lim\limits_{x\to x_0}\dfrac{f'(x)}{g'(x)}=A$（或 ∞）；

则必有 $\lim\limits_{x\to x_0}\dfrac{f'(x)}{g'(x)}=\lim\limits_{x\to x_0}\dfrac{f(x)}{g(x)}=A$（或 ∞）.

注：上述定理对于 $x\to\infty$ 时的 $\dfrac{0}{0}$ 型未定式同样适用，对于 $x\to x_0$ 或 $x\to\infty$ 时的 $\dfrac{\infty}{\infty}$ 型未定式，也有相应的法则.

2.1.7 函数的单调性与极值

1. 函数的单调性

设 $f(x)$ 在区间 (a,b) 内可导，那么

① 如果 $x\in(a,b)$ 时恒有 $f'(x)>0$，则 $f(x)$ 在 (a,b) 单调增加；

② 如果 $x\in(a,b)$ 时恒有 $f'(x)<0$，则 $f(x)$ 在 (a,b) 单调减少.

2. 函数的极值与最值

（1）极大值与极小值的定义

如果函数 $f(x)$ 在点 $x=x_0$ 的领域内有定义.

① $f(x)<f(x_0)$ 成立，则称 $f(x_0)$ 为函数的极大值，x_0 称为函数 $f(x)$ 的极大值点.

② $f(x)>f(x_0)$ 成立，则称 $f(x_0)$ 为函数的极小值，x_0 称为函数 $f(x)$ 的极小值点.

（2）极值存在的必要条件

如果函数 $f(x)$ 在点 x_0 处有极值 $f(x_0)$，且有 $f'(x)$ 存在，则 $f'(x_0)=0$.

（3）极值的第一充分条件

设函数 $f(x)$ 在点 x_0 的某邻域内连续并且可导（但 $f'(x_0)$ 可以不存在）. 当 x 从 x_0 的左边变化到右边时：

① 如果 $f'(x)$ 的符号由正变负，则点 x_0 是 $f(x)$ 的极大值点，$f(x_0)$ 是 $f(x)$ 的极大值；

② 如果 $f'(x)$ 的符号由负变正，则点 x_0 是 $f(x)$ 的极小值点，$f(x_0)$ 是 $f(x)$ 的极小值；

③ 如果 $f'(x)$ 不变号，则 $f(x)$ 在点 x_0 处无极值.

（4）极值的第二充分条件

设 $f'(x_0)=0$，$f''(x_0)$ 存在.

① 如果 $f''(x_0)>0$，则 $f(x_0)$ 为 $f(x)$ 的极小值；

② 如果 $f''(x_0)<0$，则 $f(x_0)$ 为 $f(x)$ 的极大值.

3. 函数的最值与极值的应用

如果 $f(x_0)$ 是函数 $f(x)$ 的最大值（或最小值），则是指 $x_0 \in [a,b]$，对所有的 $x \in [a,b]$ 有

$$f(x) \leqslant f(x_0) \qquad (\text{或} f(x) \geqslant f(x_0))$$

一般来说，连续函数在 $[a,b]$ 上的最大值与最小值，可以由区间端点的函数值 $f(a)$、$f(b)$ 与区间内使 $f'(x)=0$ 及 $f'(x)$ 不存在的点的函数值相比较，其中最大的就是函数在 $[a,b]$ 上的最大值，最小的就是函数在 $[a,b]$ 上的最小值.

2.1.8　曲线的凹向与拐点

（1）凹向的定义

如果在某区间内，曲线弧位于其上任意一点切线的上方，则称曲线在这个区间内是上凹的；如果在某区间内，曲线弧位于其上任意一点切线的下方，则称曲线在这个区间内是下凹的.

（2）凹向的判定定理

设函数 $f(x)$ 在区间 (a,b) 内具有二阶导数，那么：

① 如果 $x \in (a,b)$ 时，恒有 $f''(x)>0$，则曲线 $y=f(x)$ 在 (a,b) 内上凹；

② 如果 $x \in (a,b)$ 时，恒有 $f''(x)<0$，则曲线 $y=f(x)$ 在 (a,b) 内下凹.

（3）拐点的定义

曲线上凹与下凹的分界点称为曲线的拐点.

2.2　重难点分析

1. 导数的概念

① 导数的实质：增量比的极限.

② $f'(x_0)=a$，$f'_+(x_0)=f'_-(x_0)=a$.

③ 导数的几何意义：切线的斜率.

④ 可导必连续，但连续不一定可导.

⑤ 已学求导公式：

$$C' = 0; \quad (x^{\mu})' = \mu x^{\mu-1}; \quad (\ln x)' = \frac{1}{x} \quad (\sin x)' = \cos x; \quad (\cos x)' = -\sin x.$$

⑥ 判断可导性 $\begin{cases} \text{不连续，一定不可导.} \\ \text{直接用导数定义.} \\ \text{看左右导数是否存在且相等.} \end{cases}$

2. 求导法则及基本公式

（1）复合函数的求导过程

复合函数在求导的过程中多了中间变量，所以在复合函数求导时，必须分清楚是谁对谁的导数，应用复合函数求导时，一般采用从外到内逐层剥开的方法来分析函数的复合过程，直到最后一个简单函数或基本初等函数.

（2）高阶导数的求法

① 逐阶求导法.

② 利用归纳法.

③ 间接法——利用已知的高阶导数公式.

如，$\left(\dfrac{1}{a+x}\right)^{(n)} = (-1)^n \dfrac{n!}{(a+x)^{n+1}}$

$\left(\dfrac{1}{a-x}\right)^{(n)} = \dfrac{n!}{(a-x)^{n+1}}$

（3）隐函数的两边求导

隐函数两边求导，注意复合函数求导法则的应用，然后解关于 y'_x 的一元一次方程.

3. 微　分

微分与导数虽然有着密切的联系，但它们是有区别的：导数是函数在一点处的变化率，而微分是函数在一点处由自变量增量所引起的函数变化量的主要部分. 导数的值只与 x 有关，而微分的值与 x 和 Δx 都有关.

4. 洛必达法则

① 在满足定理条件的某些情况下洛必达法则不能解决计算问题.

例如，

$$\lim_{x \to -\infty} \frac{\sqrt{1+x^2}}{x} \overset{\text{洛必达法则}}{=} \lim_{x \to -\infty} \frac{x}{\sqrt{1+x^2}} \overset{\text{洛必达法则}}{=} \lim_{x \to -\infty} \frac{\sqrt{1+x^2}}{x}$$

而

$$\lim_{x \to -\infty} \frac{\sqrt{1+x^2}}{x} = \lim_{x \to -\infty} \sqrt{\frac{1}{x^2}+1} = 1$$

② 若 $\lim \dfrac{f'(x)}{g'(x)}$ 不存在（$\neq \infty$）时，并不能判定 $\lim \dfrac{f(x)}{g(x)}$ 也不存在，此时应使用其他方法求极限. 例如，$\lim\limits_{x \to +\infty} \dfrac{x+\sin x}{x} \neq \lim\limits_{x \to +\infty} \dfrac{1+\cos x}{1}$ 即极限不存在，但用其他方法求解可得 $\lim\limits_{x \to +\infty} \dfrac{x+\sin x}{x} = \lim\limits_{x \to +\infty} \left(1+\dfrac{\sin x}{x}\right) = 1$，即极限值为 1.

5. 函数的单调性与极值

① 单调区间的分界点除驻点外，也可是导数不存在的点.

例如，$y = \sqrt[3]{x^2}$ $x \in (-\infty, +\infty)$； $y' = \dfrac{2}{3\sqrt[3]{x}}$； $y'|_{x=0} = \infty$.

② 如果函数在某驻点两边导数同号，则不改变函数的单调性.

例如，$y = x^3$ $x \in (-\infty, +\infty)$； $y' = 3x^2$； $y'|_{x=0} = 0$.

③ 极值的判别法. 教材中极值定理 3 和定理 4 的条件都是充分的，当这些充分条件不满足时，不等于极值不存在.

例如， $f(x) = \begin{cases} 2 - x^2 \left(2 + \sin \dfrac{1}{x} \right), & x \neq 0 \\ 2, & x = 0 \end{cases}$

因此 $f(0) = 2$ 为极大值，但不满足定理 3 或定理 4 的条件.

④ 在实际问题中，由问题的实际意义可知，确实存在最大值或最小值，又若函数所讨论的区间内只有一个可能的极值点，则该点处的函数值一定是最大值或最小值.

6. 曲线的凹凸性与拐点

① 定理   设函数 $f(x)$ 在区间 (a, b) 内具有二阶导数，那么

a. 如果 $x \in (a, b)$ 时，恒有 $f''(x) > 0$，则曲线 $y = f(x)$ 在 (a, b) 内上凹；

b. 如果 $x \in (a, b)$ 时，恒有 $f''(x) < 0$，则曲线 $y = f(x)$ 在 (a, b) 内下凹.

② 若函数在某点二阶导数为 0，在其两侧二阶导数不变号，则曲线的凹凸性不变.

③ 根据拐点的定义及上述定理，可得拐点的判别方法如下：

若曲线 $y = f(x)$ 在点 x_0 处连续，$f''(x_0) = 0$ 或不存在，但 $f''(x)$ 在 x_0 两侧异号，则点 $(x_0, f(x_0))$ 是曲线 $y = f(x)$ 的一个拐点.

2.3   典型例题

例 1.   曲线 $y = \sqrt[3]{x}$ 上哪一点的切线与直线 $y = \dfrac{1}{3}x - 1$ 平行？写出其切线方程.

解：   设曲线 $y = \sqrt[3]{x}$ 上点 $P(x_0, y_0)$ 的切线与直线 $y = \dfrac{1}{3}x - 1$ 平行，由导数的几何意义得 $k_{切} = y'|_{x=x_0} = \dfrac{1}{3}x^{-\frac{2}{3}}$.

而直线 $y = \dfrac{1}{3}x - 1$ 的斜率为 $k_{切} = \dfrac{1}{3}$，根据两直线平行的条件有

$$\frac{1}{3}x^{-\frac{2}{3}} = \frac{1}{3}$$

解得 $x = \pm 1$，对应 $y = \pm 1$，则在点 $(1,1)$，$(-1,-1)$ 处与直线 $y = \dfrac{1}{3}x - 1$ 平行的切线方程分别为 $y - 1 = \dfrac{1}{3}(x - 1)$ 和 $y + 1 = \dfrac{1}{3}(x + 1)$，即 $x - 3y \pm 2 = 0$.

例 2. $y = x^3 \cos x \ln x$，   求 y'.

解： $y' = (x^3)' \cos x \ln x + x^3 (\cos x)' \ln x + x^3 \cos x (\ln x)'$

   $= 3x^2 \cos x \ln x + x^3 (-\sin x) \ln x + x^3 \cos x \cdot \dfrac{1}{x}$.

例 3. $y=\ln(x+\sqrt{x^2+a^2})$，求 y'.

解： $y'=\dfrac{(x+\sqrt{x^2+a^2})'}{x+\sqrt{x^2+a^2}}=\dfrac{1+\dfrac{(x^2+a^2)'}{2\sqrt{x^2+a^2}}}{x+\sqrt{x^2+a^2}}=\dfrac{1+\dfrac{2x}{2\sqrt{x^2+a^2}}}{x+\sqrt{x^2+a^2}}=\dfrac{1}{\sqrt{x^2+a^2}}.$

例 4. $y=\sqrt{\dfrac{(2x-1)(3x-2)}{(x-3)^3}}$，求 y'.

解： 在函数两边同时取对数 $\ln y=\dfrac{1}{2}\big[\ln(2x+1)+\ln(3x-2)-3\ln(x-3)\big]$

等式两边同时对 x 求导，得

$$\frac{1}{y}y'=\frac{1}{2}\left(\frac{2}{2x-1}+\frac{3}{3x-2}-\frac{3}{x-3}\right)$$

所以 $y'=\dfrac{1}{2}\sqrt{\dfrac{(2x-1)(3x-2)}{(x-3)^3}}\left[\dfrac{2}{2x-1}+\dfrac{3}{3x-2}-\dfrac{3}{x-3}\right].$

例 5. 设 $y=e^{ax}\sin bx\,(a,b$ 为常数)，求 $y^{(n)}$.

解： $y'=ae^{ax}\sin bx+be^{ax}\cos bx$

$\qquad =e^{ax}(a\sin bx+b\cos bx)$

$\qquad =e^{ax}\sqrt{a^2+b^2}\sin(bx+\varphi)\qquad\qquad\left(\varphi=\arctan\dfrac{b}{a}\right)$

$y''=\sqrt{a^2+b^2}\,[ae^{ax}\sin(bx+\varphi)+be^{ax}\cos(bx+\varphi)]$

$\qquad =\sqrt{a^2+b^2}\,e^{ax}\sqrt{a^2+b^2}\sin(bx+2\varphi)$

$\qquad\vdots$

$y^{(n)}=(a^2+b^2)^{\frac{n}{2}}e^{ax}\sin(bx+2\varphi)\qquad\qquad\left(\varphi=\arctan\dfrac{b}{a}\right)$

例 6. 求椭圆 $\dfrac{x^2}{16}+\dfrac{y^2}{9}=1$ 在点 $\left(2,\dfrac{3}{2}\sqrt{3}\right)$ 处的切线方程.

解： 椭圆方程两边对 x 求导，得

$$\frac{x}{8}+\frac{2}{9}y\cdot y'=0$$

故 $y'\Big|_{\substack{x=2\\y=\frac{3}{2}\sqrt{3}}}=-\dfrac{9}{16}\dfrac{x}{y}\Big|_{\substack{x=2\\y=\frac{3}{2}\sqrt{3}}}=-\dfrac{\sqrt{3}}{4}.$

切线方程为 $y-\dfrac{3}{2}\sqrt{3}=-\dfrac{\sqrt{3}}{4}(x-2)$，即 $\sqrt{3}x+4y-8\sqrt{3}=0.$

例 7. 求函数 $y=e^{\sin x}$ 的微分 $\mathrm{d}y$.

解： 因为 $y'=e^{\sin x}(\sin x)'=\cos x\,e^{\sin x}$，所以 $\mathrm{d}y=\cos x\,e^{\sin x}\,\mathrm{d}x$.

例 8. 求隐函数 $xy=e^{x+y}$ 的导数 $\dfrac{\mathrm{d}y}{\mathrm{d}x}$.

解： 将方程两边同时微分，得

$y\mathrm{d}x+x\mathrm{d}y=e^{x+y}(\mathrm{d}x+\mathrm{d}y)$，整理得 $\mathrm{d}y=\dfrac{e^{x+y}-y}{x-e^{x+y}}\mathrm{d}x.$

根据导数与微分的关系有

$$\frac{\mathrm{d}y}{\mathrm{d}x}=\frac{\mathrm{e}^{x+y}-y}{x-\mathrm{e}^{x+y}}=\frac{xy-y}{x-xy}$$

例 9.　求 $\sqrt[3]{65}$ 的近似值.

解：　设 $f(x)=\sqrt[3]{x}$，则 $f'(x)=\dfrac{1}{3\sqrt[3]{x^2}}$.

$$f(65)=\sqrt[3]{65}$$

令 $x_0=64$，$\Delta x=1$，由于 $f(x_0+\Delta x)\approx f(x_0)+f'(x_0)\Delta x$，因此

$$f(65)\approx f(64)+f'(64)\cdot 1, 即 \sqrt[3]{65}=\sqrt[3]{64}+\frac{1}{\sqrt[3]{64^2}}=4+\frac{1}{48}\approx 4.02.$$

例 10.　求 $\lim\limits_{x\to 0}\dfrac{\tan x-x}{x^2\sin x}$.

解：　注意到 $\sin x\sim x$，则有

$$原式=\lim_{x\to 0}\frac{\tan x-x}{x^3}=\lim_{x\to 0}\frac{\sec^2 x-1}{3x^2}=\lim_{x\to 0}\frac{\tan^2 x}{3x^2}=\frac{1}{3}.$$

例 11.　求 $\lim\limits_{x\to 0^+}x^n\ln x\,(n>0)$.

解：　$原式=\lim\limits_{x\to 0^+}\dfrac{\ln x}{x^{-n}}=\lim\limits_{x\to 0^+}\dfrac{\dfrac{1}{x}}{-nx^{-n-1}}=\lim\limits_{x\to 0^+}\left(-\dfrac{x^n}{n}\right)=0.$

例 12.　确定函数 $f(x)=2x^3-9x^2+12x-3$ 的单调区间.

解：　$f'(x)=6x^2-18x+12=6(x-1)(x-2)$，故令 $f'(x)=0$，得 $x=1$，$x=2$，结果如表 2-1 所列.

表 2-1

x	$(-\infty,1)$	1	$(1,2)$	2	$(2,+\infty)$
y'	$+$	0	$-$	0	$+$
y	↗	2	↘	1	↗

故 $f(x)$ 的单调增区间为 $(-\infty,1)$，$(2,+\infty)$；$f(x)$ 的单调减区间为 $(1,2)$.

例 13.　求函数 $f(x)=(x^2-1)^3+1$ 的极值.

解：　$f'(x)=6x(x^2-1)^2$，$f''(x)=6(x^2-1)(5x^2-1)$，令 $f'(x)=0$，得 $x_1=-1$，$x_2=0$，$x_3=1$.

因 $f''(0)=6>0$，故 $f(0)=0$ 为极小值；又 $f''(-1)=f''(1)=0$，故需用第一判别法判别.

由于 $f'(x)$ 在 $x=\pm 1$ 左右领域内不变号，所以 $f(x)$ 在 $x=\pm 1$ 没有极值.

例 14.　一张 1.4 m 高的图片挂在墙上，它的底边高于观察者的眼睛 1.8 m，问观察者在距墙多远处看才最清楚（视角最大）？

解：设观察者与墙的距离为 x m，则

$$\theta=\arctan\frac{1.4+1.8}{x}-\arctan\frac{1.8}{x}, \qquad x\in(0,+\infty)$$

$$\theta' = \frac{-3.2}{x^2 + 3.2^2} + \frac{1.8}{x^2 + 1.8^2} = \frac{-1.4(x^2 - 5.76)}{(x^2 + 3.2^2)(x^2 + 1.8^2)}$$

令 $\theta' = 0$，得驻点 $x = 2.4 \in (0, +\infty)$.

根据问题的实际意义，观察者最佳站位存在，驻点又唯一，因此观察者站在距离墙处 2.4 m 看图最清楚.

例 15. 判断曲线 $y = x^4$ 的凹凸性.

解： $y' = 4x^3$, $y'' = 12x^2$

当 $x \neq 0$ 时，$y'' > 0$; $x = 0$ 时，$y'' = 0$，故曲线 $y = x^4$ 在 $(-\infty, +\infty)$ 上是向上凹的.

例 16. 求曲线 $y = \sqrt[3]{x}$ 的拐点.

解： $y' = \frac{1}{3} x^{-\frac{2}{3}}$, $y'' = -\frac{2}{9} x^{-\frac{5}{3}}$，结果如表 2-2 所列.

表 2-2

x	$(-\infty, 0)$	0	$(0, +\infty)$
y''	$+$	不存在	$-$
y	凹	拐点	凸

2.4 基础练习

1. 根据导数的定义求下列函数的导数.

  (1) $f(x) = \sqrt{2x - 1}$，求 $f'(5)$;

  (2) $f(x) = \cos x$，求 $f'(x)$.

2. 求下列曲线在指定点的切线方程和法线方程.

  (1) $y = \dfrac{1}{x}$ 在点 $(1, 1)$;   (2) $y = x^3$ 在点 $(2, 8)$.

3. 求下列函数的导数.

  (1) $y = 2x^2 - \dfrac{1}{x} + 5x + 1$;   (2) $y = 3\sqrt[3]{x^2} - \dfrac{1}{x^3} + \cos\dfrac{\pi}{3}$;

  (3) $y = x^2 \sin x$;   (4) $y = \dfrac{1}{x + \cos x}$;

  (5) $y = x\ln x + \dfrac{\ln x}{x}$;   (6) $y = \ln x(\sin x - \cos x)$;

  (7) $y = \dfrac{\sin x}{1 + \cos x}$;   (8) $y = \dfrac{x \tan x}{1 + x^2}$.

4. 求下列各函数在指定点处的导数值.

  (1) $f(x) = \dfrac{x - \sin x}{x + \sin x}$，求 $f'\left(\dfrac{\pi}{2}\right)$;

  (2) $y = (1 + x^3)\left(5 - \dfrac{1}{x^2}\right)$，求 $y'|_{x=1}$ 和 $y'|_{x=a}$.

5. 求下列各函数的导数.

(1) $y=(x^3-x)^6$;

(2) $y=\sqrt{1+\ln^2 x}$;

(3) $y=\cot\dfrac{1}{x}$;

(4) $y=x^2\sin\dfrac{1}{x}$;

(5) $y=\sqrt{x+\sqrt{x+x}}$;

(6) $y=\ln\dfrac{x}{1-x}$;

(7) $y=\sin^2(\cos 3x)$;

(8) $y=(x+\sin^2 x)^4$.

6. 设 f,φ 可导,求下列函数的导数.

(1) $y=\ln f(e^x)$;

(2) $y=f^2(\sin^2 x)$.

7. 设 $y=\dfrac{1}{\sqrt{2\pi}\sigma}e^{-\frac{(x-\mu)^2}{2\sigma^2}}$,其中 μ,σ 是常数,求使 $y'(x)=0$ 的 x 值.

8. 求下列各函数的导数.

(1) $y=(x^3+1)^2$,求 y'' ;

(2) $y=x^2\sin 2x$,求 y''' .

9. 求下列各函数的 n 阶导数.

(1) $y=xe^x$;

(2) $y=\sin^2 x$.

10. 求由下列方程所确定的隐函数的导数 y' .

(1) $y^3+x^3-3xy=0$;

(2) $\arctan\dfrac{y}{x}=\ln\sqrt{x^2+y^2}$.

11. 用对数求导法求下列函数的导数.

(1) $y=\dfrac{(2x+3)\sqrt[4]{x-6}}{\sqrt[3]{x+1}}$;

(2) $y=(\sin x)^{\cos x}\ (\sin x>0)$.

12. 求下列函数的微分.

(1) $y=\ln\sin\dfrac{x}{2}$;(2) $y=e^{-x}\cos(3-x)$.

13. 求下列极限.

(1) $\lim\limits_{x\to 0}\dfrac{\sin ax}{\sin bx}\ (b\neq 0)$;

(2) $\lim\limits_{x\to 1}\dfrac{x^2-x}{\ln x-x-1}$;

(3) $\lim\limits_{x\to 0}\dfrac{\tan x-x}{x-\sin x}$;

(4) $\lim\limits_{x\to 1^-}\ln x\ln(1-x)$.

14. 求下列函数的单调区间.

(1) $y=2+x-x^2$;

(2) $y=3x-x^3$.

15. 求下列函数的极值.

(1) $y=(x+1)^{10}e^{-x}$;

(2) $y=x^{\frac{1}{3}}(1-x)\dfrac{2}{3}$.

16. 求下列函数在给定区间上的最大值和最小值:

(1) $f(x)=2^x,x\in[1,5]$;

(2) $f(x)=\sqrt{5-4x},x\in[-1,1]$.

17. 从面积为 A 的一切矩形中,求周长最小者.

18. 求下列函数的凹凸性和拐点.

(1) $y=x+x^{\frac{5}{3}}$;

(2) $y=\sqrt{1+x^2}$.

19. 讨论下列函数的渐近线.

(1) $y=\dfrac{x^4}{(1+x)^3}$;　　　　　　(2) $y=\left(\dfrac{1+x}{1-x}\right)^4$.

20. 描绘 $y=\dfrac{x}{\sqrt[3]{x^2-1}}$ 的图像.

2.5　同步自测

2.5.1　同步自测 1

1. 选择题.

(1) 函数 $f(x)$ 的 $f'(x_0)$ 存在等价于(　　).

A. $\lim\limits_{n\to\infty}n\left[f\left(x_0+\dfrac{1}{n}\right)-f(x_0)\right]$ 存在

B. $\lim\limits_{h\to 0}\dfrac{f(x_0-h)-f(x_0)}{h}$ 存在

C. $\lim\limits_{\Delta x\to 0}\dfrac{f(x_0+\Delta x)-f(x_0-\Delta x)}{\Delta x}$ 存在

D. $\lim\limits_{\Delta x\to 0}\dfrac{f(x_0+3\Delta x)-f(x_0+\Delta x)}{\Delta x}$ 存在

(2) 若函数 $f(x)$ 在点 x_0 处可导,则 $|f(x)|$ 在点 x_0 处(　　).

A. 可导　　　　　　　　　B. 不可导

C. 连续但未必可导　　　　D. 不连续

(3) 直线 l 与 x 轴平行且与曲线 $y=x-\mathrm{e}^x$ 相切,则切点为(　　).

A. $(1,1)$　　B. $(-1,1)$　　C. $(0,1)$　　D. $(0,-1)$

(4) 设 $y=\cos x^2$,则 $\mathrm{d}y=$(　　).

A. $-2x\cos x^2\mathrm{d}x$　B. $2x\cos x^2\mathrm{d}x$　C. $-2x\sin x^2\mathrm{d}x$　D. $2x\sin x^2\mathrm{d}x$

(5) 设 $y=f(u)$ 是可微函数,u 是 x 的可微函数,则 $\mathrm{d}y=$(　　).

A. $f'(u)u\mathrm{d}x$　　B. $f'(u)\mathrm{d}u$　　C. $f'(u)\mathrm{d}x$　　D. $f'(u)u'\mathrm{d}x$

(6) 用微分近似计算公式求得 $\mathrm{e}^{0.05}$ 的近似值为(　　).

A. 0.05　　　　B. 1.05　　　　C. 0.95　　　　D. 1

(7) 若函数 $f(x)$ 在 $x=a$ 的邻域内有定义,则除点 $x=a$ 外恒有 $\dfrac{f(x)-f(a)}{(x-a)^2}>0$,则以下结论正确的是(　　).

A. $f(x)$ 在点 a 的邻域内单调增加　B. $f(x)$ 在点 a 的邻域内单调减少

C. $f(a)$ 为 $f(x)$ 的极大值　　　　　D. $f(a)$ 为 $f(x)$ 的极小值

(8) 设 $f(x)=x^4-2x^2+5$,则 $f(0)$ 为 $f(x)$ 在区间 $[-2,2]$ 上的(　　).

A. 极小值　　　B. 最小值　　　C. 极大值　　　D. 最大值

(9) 设函数 $y=f(x)$ 在区间 $[a,b]$ 上有二阶导数,则当(　　)成立时,曲线 $y=f(x)$ 在 (a,b) 内是凹的.

  A. $f'(a)>0$ B. $f'(b)>0$

  C. 在 (a,b) 内 $f'(x)\neq0$ D. $f'(a)>0$ 且 $f'(x)$ 在 (a,b) 内单调增加

  (10) 若 $f(x)$ 在 (a,b) 内二阶可导,且 $f'(x)>0$,$f''(x)<0$,则 $y=f(x)$ 在 (a,b) 内(　　).

  A. 单调增加且凸   B. 单调增加且凹

  C. 单调减少且凸   D. 单调减少且凹

  2. 填空题.

  (1) 设 $f(x)$ 在 x_0 处可导,则 $\lim\limits_{\Delta x\to0}\dfrac{f(x_0-\Delta x)-f(x_0)}{\Delta x}=$ _____,

$\lim\limits_{h\to0}\dfrac{f(x_0+h)-f(x_0-h)}{h}=$ _____.

  (2) 设 $f(x)=\ln 2x+2\mathrm{e}^{\frac{1}{2}x}$,则 $f'(2)=$ _____.

  (3) 设 $f(x)=\ln\cot x$,则 $f'\left(\dfrac{\pi}{4}\right)=$ _____.

  (4) 设 $y=\mathrm{e}^{\cos x}$,则 $y''=$ _____.

  (5) 设方程 $x^2+y^2-xy=1$,确定隐函数 $y=f(x)$,则 $y'=$ _____.

  (6) 曲线 $y=(x+1)\sqrt[3]{3-x}+\mathrm{e}^{2x}$ 在点 $(-1,\mathrm{e}^{-2})$ 处的切线方程为_____.

  (7) 设 $y=(1-3x)^{10}+3\log_2^x+\sin 2x$,则 $y''=$ _____.

  (8) 设 $y=x^3-x$ 在 $x_0=2$ 处 $\Delta x=0.01$,则 $\Delta y=$ _____,$\mathrm{d}y=$ _____.

  (9) $2x^2\mathrm{d}x=\mathrm{d}$ _____.

  (10) 设 $y=a^x+\operatorname{arccot} x$,则 $\mathrm{d}y=$ _____ $\mathrm{d}x$.

  (11) $f(x)=x(x-1)(x-2)(x-3)$ 则方程 $f'(x)=0$ 有_____个实根,分别位于区间_____内.

  (12) 函数 $y=\dfrac{\mathrm{e}^x}{x}$ 的单调增区间是_____,单调减区间是_____.

  (13) $f(x)=a\sin x+\dfrac{1}{3}\sin 3x$,$a=2$ 时,$f\left(\dfrac{\pi}{3}\right)$ 为极_____值.

  3. 已知 $f(x)=2x^3+ax^2+bx+9$ 有两个极值点 $x=1,x=2$,求 $f(x)$ 的极大值与极小值.

  4. 设 $f(x)=\arctan\sqrt{x^2-1}-\dfrac{\ln x}{\sqrt{x^2-1}}$,求 $\mathrm{d}f(x)$.

  5. 求下列函数的导数.

  (1) $y=(x-1)(x-2)(x-3)$;   (2) $y=\sqrt[3]{x}\sin x+a^x\mathrm{e}^x$;

  (3) $y=x\log_2^x+\ln 2$;   (4) $y=\cot x\arctan x$;

  (5) $y=\cos\dfrac{1}{x}$;   (6) $y=\ln\left(\dfrac{1}{x}+\ln\dfrac{1}{x}\right)$;

  (7) $y=\ln(1-x)$;   (8) $y=\ln\left(x+\sqrt{1+x^2}\right)$.

  6. 设 $y=f(x)$ 由方程 $\mathrm{e}^{xy}+y^3-5x=0$ 所确定的函数,求 $\dfrac{\mathrm{d}y}{\mathrm{d}x}\Big|_{x=0}$.

  7. 求下列极限.

(1) $\lim\limits_{x \to 1} \dfrac{x^2-1}{\sqrt{x}-1}$;

(2) $\lim\limits_{x \to \pi} \dfrac{1-\cos x}{x^2}$;

(3) $\lim\limits_{x \to +\infty} \dfrac{\ln\sin mx}{\ln\sin nx}$,其中 m,n 均不为 0;

(4) $\lim\limits_{x \to a^+} \dfrac{\ln(x-a)}{\ln(e^x-e^a)}$

(5) $\lim\limits_{x \to \pi}(\pi-x)\tan\dfrac{x}{2}$

(6) $\lim\limits_{x \to \infty} x(e^{\frac{1}{x}}-1)$;

(7) $\lim\limits_{x \to +\infty}(\tan x)^x$

8. 求曲线 $y=\sqrt[3]{x}$ 的凹凸性,如有拐点,求出拐点坐标.

2.5.2 同步自测 2

1. 选择题.

(1) 设 $f(x)$ 在 $x=0$ 处可导,且 $f'(0) \neq 0$ 则以下等式正确的是( ).

A. $\lim\limits_{\Delta x \to 0} \dfrac{f(0)-f(\Delta x)}{\Delta x}=f'(0)$

B. $\lim\limits_{x \to 0} \dfrac{f(-x)-f(0)}{x}=f'(0)$

C. $\lim\limits_{x \to 0} \dfrac{f(2x)-f(0)}{x}=2f'(0)$

D. $\lim\limits_{\Delta x \to 0} \dfrac{f\left(\dfrac{\Delta x}{2}\right)-f(0)}{\Delta x}=2f'(0)$

(2) 设 $u(x)$ 在点 x_0 处可导,$v(x)$ 在点 x_0 处可导,则在 x_0 处必有( ).

A. $u(x)+v(x)$ 与 $u(x)v(x)$ 都可导

B. $u(x)+v(x)$ 可能可导,$u(x)v(x)$ 必不可导

C. $u(x)+v(x)$ 必不可导,$u(x)v(x)$ 可能可导

D. $u(x)+v(x)$ 与 $u(x)v(x)$ 都必不可导

(3) $f'_-(x_0)$ 与 $f'_+(x_0)$ 都存在是 $f'(x_0)$ 存在的( ).

A. 充分必要条件   B. 充分非必要条件

C. 必要非充分条件   D. 既非充分也非必要条件

(4) 设 $y=x^3+x$,则 $\left.\dfrac{\mathrm{d}x}{\mathrm{d}y}\right|_{y=2}=$( ).

A. 2   B. 4   C. $\dfrac{1}{2}$ D. $\dfrac{1}{4}$

(5) 设可导函数 $y=f(x)$ 在点 x_0 处 $f'(x_0)=\dfrac{1}{2}$,则当 $\Delta x \to 0$ 时,$\mathrm{d}y$ 与 Δx ( ).

A. 等价无穷小   B. 是同阶而非等价无穷小

C. $\mathrm{d}y$ 是比 Δx 高阶的无穷小   D. Δx 是比 $\mathrm{d}y$ 高阶的无穷小

(6) 设可导函数 $f(x)$ 有 $f'(1)=1$,$y=f(\ln x)$,则 $\mathrm{d}y|_{x=e}=$( ).

A. $\mathrm{d}x$ B. $\dfrac{1}{e}$ C. $\dfrac{1}{e}\mathrm{d}x$ D. 1

(7) 曲线 $y=x^3-1$ 在点 $(1,0)$ 处的法线的斜率为( ).

A. 3　　　　　　B. $-\dfrac{1}{3}$　　　　C. 2　　　　　D. $-\dfrac{1}{2}$

(8) 设 $y=f(u)$,$u=g(\sin x)$,其中 f,g 是可导函数,则下面表达式中错误的是(　　).

A. $\mathrm{d}y=f'(u)\mathrm{d}u$　　　　　　B. $\mathrm{d}y=f'(u)g'(v)\mathrm{d}v$,$v=\sin x$

C. $\mathrm{d}y=f'(u)g'(\sin x)\mathrm{d}x$　　　　D. $\mathrm{d}y=f'(u)g'(v)\cos x\,\mathrm{d}x$

2. 填空题.

(1) 若 $f'(0)$ 存在且 $f(0)=0$,则 $\lim\limits_{x\to 0}\dfrac{f(x)}{x}=$ _____.

(2) 在曲线 $y=\mathrm{e}^x$ 上取横坐标 $x_1=0$ 及 $x_2=1$ 两点,作过这两点的割线,则曲线 $y=\mathrm{e}^x$ 在点_____处的切线_____平行于这条割线.

(3) 设 $f(x)=\begin{cases}x, & x\geqslant 0;\\ \tan x, & x<0.\end{cases}$,则 $f(x)$ 在 $x=0$ 处的导数为_____.

(4) 设 $y=f\left(\dfrac{1}{x}\right)$,其中 $f(u)$ 为二阶可导函数,则 $\dfrac{\mathrm{d}^2 y}{\mathrm{d}x^2}=$ _____.

(5) d_____$=\dfrac{1}{\sqrt{x}}\mathrm{d}x$.

(6) 设 $y=\mathrm{e}^x\sin x$,则 $\mathrm{d}y=$ _____ $\mathrm{d}(\mathrm{e}^x)+$ _____ $\mathrm{d}(\sin x)$.

(7) $y=(x-1)\cdot\sqrt[3]{x^2}$ 在 $x_1=$ _____处有极_____值,在 $x_2=$ _____处有极_____值.

(8) 若函数 $f(x)=ax^2+bx$ 在点 $x=1$ 处取极值 2,则 $a=$ _____,$b=$ _____.

(9) 设 $y=\mathrm{e}^{\sqrt{\sin 2x}}$,则 $\mathrm{d}y=$ _____ $\mathrm{d}(\sin 2x)$.

(10) 方程 $x^5+x-1=0$ 在实数范围内有_____个实根.

3. 求由方程 $y\ln y=x+y$ 所确定的隐函数 $y=f(x)$ 的二阶导数 $\dfrac{\mathrm{d}^2 y}{\mathrm{d}x^2}$ 及 $\dfrac{\mathrm{d}^2 y}{\mathrm{d}x^2}\Big|_{x=0}$.

4. 求下列函数的导数.

(1) $y=\sqrt{x+\sqrt{x+\sqrt{x}}}$;　　　　(2) $y=\dfrac{\sin 2x}{x^2}$;

(3) $y=\dfrac{\arcsin x}{\arccos x}$;　　　　　(4) $y=\sin\left[\cos^2\tan(3x)\right]$;

(5) $y=\sqrt{x\sin x\sqrt{1-\mathrm{e}^x}}$;　　　　(6) $y=x^{\ln x}$.

5. 求下列极限.

(1) $\lim\limits_{x\to 0}\dfrac{\sqrt{1+x}-\sqrt{1-x}}{x^2}$;　　　(2) $\lim\limits_{x\to 0}\dfrac{\tan x-x}{x-\sin x}$;

(3) $\lim\limits_{x\to\infty}\dfrac{\ln(1+3x^2)}{\ln(3+x^4)}$;　　　　(4) $\lim\limits_{n\to\infty}n(3^{\frac{1}{n}}-1)$

(5) $\lim\limits_{x\to 0}\left(\dfrac{2}{\pi}\arccos x\right)^{\frac{1}{x}}$.

6. 设函数 $f(x)=x^3+ax^2+bx+c$.试问当常数 a,b 分别满足什么关系时,函数 $f(x)$ 一定没有极值,可能一个极值,可能有两个极值.

第 3 章　一元函数积分学

3.1　知识梳理

3.1.1　定积分的基本概念

1. 定　义

设 $y=f(x)$ 在 $[a,b]$ 上有定义,任取分点

$a=x_0<x_1<x_2\ldots<x_{k-1}<x_k<\ldots<x_n=b$,将区间 $[a,b]$ 分成 n 个小区间;每个小区间 $[x_{k-1},x_k]$ 的长度为 $\Delta x_k=x_k-x_{k-1},(k=1,2\ldots n)$,在每个小区间 $[x_{k-1},x_k]$ 内任取一点 $\xi_k(x_{k-1}\leqslant\xi_k\leqslant x_k)$,作和式 $S_n=\sum\limits_{k=1}^{n}f(\xi_k)\Delta x_k$. 记 $\max\{\Delta x\}=\lambda$,

若 $S_n=\lim\limits_{\lambda\to 0}\sum\limits_{k=1}^{n}f(\xi_k)\Delta x_k$ 存在,则将此极限值称为 $f(x)$ 在 $[a,b]$ 上的定积分,记为

$$\int_a^b f(x)\,\mathrm{d}x=\lim_{\lambda\to 0}\sum_{k=1}^{n}f(\xi_k)\,\Delta x_k.$$

2. 定积分的几何意义

当 $f(x)$ 在 $[a,b]$ 上有正、有负时,定积分 $\int_a^b f(x)\,\mathrm{d}x$ 的值,在几何上就是 x 轴上方的曲边梯形的面积与 x 轴下方的曲边梯形的面积之差.

3.1.2　定积分的性质

性质 1　如果 $f(x)$ 在 $[a,b]$ 上可积,则 $\int_a^b f(x)\,\mathrm{d}x=-\int_b^a f(x)\,\mathrm{d}x$.

特别地,当 $a=b$ 时,有 $\int_a^a f(x)\,\mathrm{d}x=0$.

性质 2　如果 c 为任意常数且 $a<c<b$,则

$$\int_a^b f(x)\,\mathrm{d}x=\int_a^c f(x)\,\mathrm{d}x+\int_c^b f(x)\,\mathrm{d}x.$$

性质 3　如果 $f(x)=1$,则 $\int_a^b f(x)\,\mathrm{d}x=b-a$.

性质 4　如果 $f(x)$ 与 $g(x)$ 在 $[a,b]$ 上可积,则 $f(x)\pm g(x)$ 也在 $[a,b]$ 上可积,且 $\int_a^b [f(x)\pm g(x)]\,\mathrm{d}x=\int_a^b f(x)\,\mathrm{d}x\pm\int_a^b g(x)\,\mathrm{d}x$.

性质 5　如果 $f(x)$ 在 $[a,b]$ 上可积,k 为常数,则

$$\int_a^b kf(x)\,\mathrm{d}x=k\int_a^b f(x)\,\mathrm{d}x.$$

定积分的比较

如果 $f(x)$ 与 $g(x)$ 在 $[a,b]$ 上可积,且对任意的 $x\in[a,b]$,均有 $f(x)\leqslant g(x)$,则

$$\int_a^b f(x)\mathrm{d}x \leqslant \int_a^b g(x)\mathrm{d}x.$$

定积分估值定理

如果 $f(x)$ 在 $[a,b]$ 上可积,且对任意的 $x\in[a,b]$,$m=\min f(x)$,$M=\max f(x)$,即 $m\leqslant f(x)\leqslant M$,则

$$m(b-a)\leqslant \int_a^b f(x)\mathrm{d}x \leqslant M(b-a).$$

定积分中值定理

如果函数 $f(x)$ 在区间 $[a,b]$ 上连续,那么在区间 $[a,b]$ 上至少有一点 c,且 $a\leqslant c\leqslant b$,使等式

$$\int_a^b f(x)\mathrm{d}x=(b-a)f(c)$$

成立.

3.1.3　微积分基本定理与原函数

微积分基本定理　若函数 $f(x)$ 在区间 $[a,b]$ 上连续,如果存在函数 $F(x)$,使得对任意的 $x\in[a,b]$,满足 $F'(x)=f(x)$,则 $\int_a^b f(x)\mathrm{d}x=F(x)\big|_a^b=F(b)-F(a)$.

原函数　若 $F(x),f(x)$ 是区间 I 上的两个函数,如果对于任意的 $x\in I$,都有 $F'(x)=f(x)$,则称 $F(x)$ 是 $f(x)$ 在区间 I 上的一个原函数.

原函数存在定理　若函数 $f(x)$ 在区间 $[a,b]$ 上连续,则积分上限函数 $\varphi(x)=\int_a^x f(x)\mathrm{d}x$,$x\in[a,b]$ 为 $f(x)$ 在区间 $[a,b]$ 上的一个原函数,即

$$\varphi'(x)=\frac{\mathrm{d}}{\mathrm{d}x}\int_a^x f(x)\mathrm{d}x=f(x).$$

3.1.4　不定积分的概念与性质

（1）不定积分的概念

若 $F(x)$ 是函数 $f(x)$ 在区间 I 上的一个原函数,则其原函数的一般表达式 $F(x)+c$ 称为函数 $f(x)$ 在区间 I 上的不定积分.

（2）不定积分的性质

① $\int kf(x)\mathrm{d}x=k\int f(x)\mathrm{d}x$（$k$ 为不等于零的常数）.

② $\int[f(x)\pm g(x)]\mathrm{d}x=\int f(x)\mathrm{d}x\pm\int g(x)\mathrm{d}x$.

基本不定积分公式如表 3-1 所列.

表 3 - 1　基本不定积分公式

$\int k\,dx = kx + C\,(k\ 为常数)$	$\int x^a\,dx = \dfrac{x^{a+1}}{a+1} + C\,(a \neq -1)$
$\int \dfrac{1}{x}\,dx = \ln\|x\| + C\,(x \neq 0)$	$\int a^x\,dx = a^x \ln\|a\| + C$
$\int e^x\,dx = e^x + C$	$\int \sin x\,dx = -\cos x + C$
$\int \cos x\,dx = \sin x + C$	$\int \sec^2 x\,dx = \tan x + C$
$\int \csc^2 x\,dx = -\cot x + C$	$\int \sec x \tan x\,dx = \sec x + C$
$\int \csc x \cot x\,dx = -\csc x + C$	$\int \dfrac{1}{1+x^2}\,dx = \arctan x + C$
$\int \dfrac{1}{\sqrt{1-x^2}}\,dx = \arcsin x + C$	

除以上基本公式外，以下各式也望同学们作为公式记住：

$$\int \tan x\,dx = -\ln|\cos x| + C; \qquad \int \cot x\,dx = \ln|\sin x| + C;$$

$$\int \sec x\,dx = \ln|\sec x + \tan x| + C; \int \csc x\,dx = \ln|\csc x - \cot x| + C;$$

$$\int \frac{1}{a^2 - x^2}\,dx = \frac{1}{2a}\ln\left|\frac{a+x}{a-x}\right| + C; \int \frac{1}{a^2 + x^2}\,dx = \frac{1}{a}\arctan\frac{x}{a} + C;$$

$$\int \frac{1}{\sqrt{a^2 - x^2}}\,dx = \arcsin\frac{x}{a} + C; \qquad \int \frac{1}{\sqrt{a^2 + x^2}}\,dx = \ln\left|x + \sqrt{x^2 \pm a^2}\right| + C.$$

3.1.5　常用积分方法

（1）凑微分法

即第一换元积分法. 若 $u = u(x)$ 可微，$F'(u) = f(u)$.

则 $\int f[u(x)] \cdot u'(x)\,dx = \int f(u)\,du(x) = F[u(x)] + C.$

（2）第二换元积分法

设函数 $f(x)$ 连续，$x = \varphi(t)$ 具有连续的导数，且 $\varphi'(t) \neq 0$，如果已知 $\int f[\varphi(t)]\varphi'(t)\,dt = F(t) + C$，则有 $\int f(x)\,dx = \int f[\varphi(t)]\varphi'(t)\,dt = F[\varphi^{-1}(x)] + C$.

（3）分部积分法

$$\int u\,dv = uv - \int v\,du.$$

3.1.6　广义积分

① 设函数 $f(x)$ 在区间 $[a, +\infty)$ 或 $(-\infty, b]$ 或 $(-\infty, +\infty)$ 上连续，广义积分记作

$$\int_a^{+\infty} f(x)\,dx = \lim_{b \to +\infty} \int_a^b f(x)\,dx;$$

$$\int_{-\infty}^{b} f(x)\mathrm{d}x = \lim_{a\to-\infty}\int_{a}^{b} f(x)\mathrm{d}x;$$

$$\int_{-\infty}^{+\infty} f(x)\mathrm{d}x = \int_{-\infty}^{0} f(x)\mathrm{d}x + \int_{0}^{+\infty} f(x)\mathrm{d}x.$$

若上述极限存在,则称广义积分收敛;如果不存在,就称发散.

② 设函数 $f(x)$ 在 $[a,b)$ 内连续,有 $\lim\limits_{x\to b^-} f(x)=\infty$,取 $\varepsilon>0$,如果极限 $\lim\limits_{\varepsilon\to 0^+}\int_{a}^{b-\varepsilon} f(x)\mathrm{d}x$ 存在,则规定

$$\int_{a}^{b} f(x)\mathrm{d}x = \lim_{\varepsilon\to 0^+}\int_{a}^{b-\varepsilon} f(x)\mathrm{d}x.$$

式中左端称为无界函数 $f(x)$ 在 $[a,b]$ 上的广义积分,如果极限 $\lim\limits_{\varepsilon\to 0^+}\int_{a}^{b-\varepsilon} f(x)\mathrm{d}x$ 存在,则广义积分 $\int_{a}^{b} f(x)\mathrm{d}x$ 收敛;如果上述极限不存在,则广义积分 $\int_{a}^{b} f(x)\mathrm{d}x$ 发散.

3.1.7　定积分的应用

直角坐标系下的面积公式有如下所列几种.

① 曲线 $y=f(x)$,直线 $x=a$、$x=b$ $(a<b)$ 及直线 $y=0$ 所围图形的面积,$S=\int_{a}^{b} |f(x)|\mathrm{d}x$.

② 曲线 $y=f(x)$、$y=g(x)$ 和直线 $x=a$、$x=b$ $(a<b)$ 所围图形的面积,$S=\int_{a}^{b} |f(x)-g(x)|\mathrm{d}x$.

③ 曲线 $x=\varphi(y)$、直线 $y=c$、$y=d$ $(c<d)$ 及直线 $x=0$ 所围图形的面积,$S=\int_{c}^{d} |\varphi(y)|\mathrm{d}y$.

④ 曲线 $x=\varphi(y)$、$x=\psi(y)$ 和直线 $y=c$、$y=d$ $(c<d)$ 所围图形的面积,$S=\int_{c}^{d} |\varphi(y)-\psi(y)|\mathrm{d}y$.

3.2　重难点分析

1. 关于定积分定义的说明

① 定积分表示一个数,它只取决于被积函数与积分上下限,而与积分变量采用什么字母无关,例如:$\int_{0}^{1} x^2\mathrm{d}x = \int_{0}^{1} t^2\mathrm{d}t$. 一般地,$\int_{a}^{b} f(x)\mathrm{d}x = \int_{a}^{b} f(t)\mathrm{d}t$.

② 定积分的存在性. 当 $f(x)$ 在 $[a,b]$ 上连续或只有有限个第一类间断点时,$f(x)$ 在 $[a,b]$ 上的定积分存在(也称可积).

定积分定义叙述较长,可把它概括为如下便于记忆的四步:"整化零,常代变,近似和,取极限".

2. 积分中值定理明显的几何意义

若 $f(x) \geqslant 0, x \in [a,b]$，则由 x 轴，直线 $x=a$、$x=b$ 及曲线 $y=f(x)$ 围成的曲边梯形面积等于一个长为 $b-a$，宽为 $f(c)$ 的矩形的面积.

从几何角度容易看出，数值 $\mu = \dfrac{1}{b-a}\displaystyle\int_a^b f(x)\mathrm{d}x$ 表示连续曲线 $y=f(x)$ 在 $[a,b]$ 上的平均高度，也就是函数 $f(x)$ 在 $[a,b]$ 上的平均值，这是有限个数的平均值的拓广.

3. 牛顿-莱布尼兹公式

该公式也称为微积分基本公式，该公式可叙述为：定积分的值等于其原函数在上下限处的值的差. 该公式在定积分与原函数这两个本来似乎并不相干的概念之间建立起了定量关系，从而为定积分计算找到了一条简捷的途径. 它是整个积分学最重要的公式.

4. 根据原函数存在定理可得到的几个推论

推论1　设 $\boldsymbol{\Phi}(x)=\displaystyle\int_a^{\varphi(x)} f(t)\mathrm{d}t$，则 $\boldsymbol{\Phi}'(x)=f[\varphi(x)]\varphi'(x)$.

推论2　设 $\boldsymbol{\Phi}(x)=\displaystyle\int_{\nu(x)}^{\varphi(x)} f(t)\mathrm{d}t$，则 $\boldsymbol{\Phi}'(x)=f[\varphi(x)]\varphi'(x)-f[\nu(x)]\nu'(x)$.

推论3　设 $\boldsymbol{\Phi}(x)=\displaystyle\int_a^{\varphi(x)} f(t)g(t)\mathrm{d}t$，则

$$\boldsymbol{\Phi}'(x)=\left[g(x)\int_a^{\varphi(x)}f(t)\mathrm{d}t\right]'=g'(x)\cdot\int_a^{\varphi(x)}f(t)\mathrm{d}t+g(x)f(\varphi(x))\varphi'(x).$$

关于原函数：

① 若函数 $f(x)$ 有一个原函数 $F(x)$，则它就有无穷多个原函数，且这无穷多个原函数可表示为 $F(x)+c$ 的形式，其中 c 是任意常数.

② 在某区间 I 上连续的函数，在该区间上存在原函数. 初等函数在其有定义的区间内是连续的，因而存在原函数.

求已知函数的导数或微分是微分运算；求已知函数的原函数或不定积分是积分运算. 由原函数和不定积分的定义知，积分运算与微分运算恰是互逆运算. 下面的等式就表达了这种关系 $\dfrac{\mathrm{d}}{\mathrm{d}x}\left(\int f(x)\mathrm{d}x\right)=f(x)$ 或 $\mathrm{d}\left(\int f(x)\mathrm{d}x\right)=f(x)\mathrm{d}x,\int F'(x)\mathrm{d}x=F(x)+c$ 或 $\int \mathrm{d}F(x)\mathrm{d}x=F(x)+c$.

5. 凑微分法运用时的难点

凑微分法运用时的难点在于原题并未指明应该把哪部分凑成 $d[u(x)]$，这需要解题经验，如果熟记下列微分式，解题中会给我们启示.

$$\mathrm{d}x=\frac{1}{a}\mathrm{d}(ax+b);\qquad x\mathrm{d}x=\frac{1}{2}\mathrm{d}(x^2);\qquad \frac{\mathrm{d}x}{\sqrt{x}}=2\mathrm{d}(\sqrt{x});$$

$$\mathrm{e}^x\mathrm{d}x=\mathrm{d}(\mathrm{e}^x);\qquad \frac{\mathrm{d}x}{x}=\mathrm{d}(\ln|x|);\qquad \sin x\mathrm{d}x=-\mathrm{d}(\cos x);$$

$$\cos x\mathrm{d}x=\mathrm{d}(\sin x);\qquad \sec^2 x\mathrm{d}x=\mathrm{d}(\tan x);\qquad \csc^2 x\mathrm{d}x=-\mathrm{d}(\cot x);$$

$$\frac{\mathrm{d}x}{\sqrt{1-x^2}}=\mathrm{d}(\arcsin x);\qquad \frac{\mathrm{d}x}{1+x^2}=\mathrm{d}(\arctan x).$$

6. 第二换元积分法

① 被积函数含根式 $\sqrt[n]{ax+b}$ ($a\neq0,b$ 可以是 0)时,由 $\sqrt[n]{ax+b}=t$,求其反函数. 作替换 $x=\dfrac{1}{a}(t^n-b)$,可消去根式,化为代数有理式的积分.

② 被积函数含下述根式,作三角函数替换,可消去根式,化为三角函数有理式的积分:

含根式 $\sqrt{a^2-x^2}$ ($a>0$)时,设 $x=a\sin t$,则 $\sqrt{a^2-x^2}=a\cos t$.

含根式 $\sqrt{a^2+x^2}$ ($a>0$)时,设 $x=a\tan t$,则 $\sqrt{a^2+x^2}=a\sec t$.

含根式 $\sqrt{x^2-a^2}$ ($a>0$)时,设 $x=a\sec t$,则 $\sqrt{x^2-a^2}=a\tan t$.

③ 被积函数含指数函数 a^x 时,设 $x=\dfrac{1}{\ln a}\ln t$,可消去 a^x.

7. 分部积分法

由于分部积分公式是微分法中两个函数乘积的求导数公式的逆用,因此,被积函数是两个函数乘积时,往往用分部积分法易见效. 可用分部积分法求积分的类型:

① $\int x^n e^{bx}dx$,$\int x^n\sin bx\,dx$,$\int x^n\cos bx\,dx$ 其中 n 是正整数,x^n 也可是 n 次多项式 $P_n(x)$. 这时,选取 $u=x^n$,$v'=e^{bx}$、$\sin bx$、$\cos bx$.

② $\int x^n\ln x\,dx$,$\int x^n\ln f(x)\,dx$,$\int x^n\arcsin x\,dx$,$\int x^n\arccos x\,dx$,$\int x^n\arctan x\,dx$,其中 n 是正整数或零,x^n 也可是 n 次多项式 $P_n(x)$. 这时选取 $u=\ln x$,$\arcsin x$,$\arctan x$ 等,$v'=x^n$. 当 $n=0$ 时,被积函数只有一个因子,如 $\int\arctan x\,dx$,$\int\ln(x+\sqrt{1+x^2})\,dx$,这时,可认为 $v'=1$ 或 $dv=dx$.

正因为如此,当被积函数只有一个因子,而又不适于用换元积分法时,可从分部积分法入手.

③ $\int e^{kx}\sin(ax+b)\,dx$,$\int e^{kx}\cos(ax+b)\,dx$. 这时,可设 $u=e^{kx}$,也可设 $u=\sin(ax+b)$ 或 $u=\cos(ax+b)$.

8. 计算广义(反常)积分的顺序

① 计算变上限(或变下限)的定积分.

② 对变限求极限.

③ 若极限存在,则广义积分收敛,并表示一个数值;否则,就发散,不表示任何数值.

3.3　典型例题

例 1.　利用定积分的几何意义计算 $\int_{-1}^{1}\sqrt{1-x^2}\,dx$.

解:　如图 3-1 所示.

$$\int_{-1}^{1}\sqrt{1-x^2}\,dx=\frac{1}{2}\cdot\pi\cdot1^2=\frac{1}{2}\pi.$$

例 2.　估计定积分 $\int_{-1}^{1}e^{-x^2}\,dx$ 的值.

解:　先求 $f(x)=e^{-x^2}$ 在 $[-1,1]$ 上的最大值和最小值,因为 $f'(x)=-2xe^{-x^2}$,令 f'

（x）$=0$，得驻点 $x=0$，比较 $f(x)$ 在驻点及区间端点处的函数值.

$$f(0) = \mathrm{e}^0 = 1, f(-1) = f(1) = \mathrm{e}^{-1} = \frac{1}{\mathrm{e}}$$

故，最大值 $M=1$，最小值 $m = \dfrac{1}{\mathrm{e}}$.

由估值性质得，$\dfrac{2}{\mathrm{e}} \leqslant \displaystyle\int_{-1}^{1} \mathrm{e}^{-x^2}\,\mathrm{d}x \leqslant 2$.

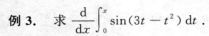

图 3-1

例 3. 求 $\dfrac{\mathrm{d}}{\mathrm{d}x}\displaystyle\int_0^x \sin(3t - t^2)\,\mathrm{d}t$.

解： $\dfrac{\mathrm{d}}{\mathrm{d}x}\displaystyle\int_0^x \sin(3t - t^2)\,\mathrm{d}t = \sin(3x - x^2)$.

例 4. 求 $\dfrac{\mathrm{d}}{\mathrm{d}x}\displaystyle\int_0^{x^3} \ln(1+t)\,\mathrm{d}t$.

解： $\dfrac{\mathrm{d}}{\mathrm{d}x}\displaystyle\int_0^{x^3} \ln(1+t)\,\mathrm{d}t = \ln(1+x^3)(x^3)' = 3x^2 \ln(1+x^3)$.

例 5. 求 $\displaystyle\lim_{x\to 0}\dfrac{\displaystyle\int_0^x \sin t\,\mathrm{d}t}{x^2}$.

解： $\displaystyle\lim_{x\to 0}\dfrac{\displaystyle\int_0^x \sin t\,\mathrm{d}t}{x^2} = \lim_{x\to 0}\dfrac{\left(\displaystyle\int_0^x \sin t\,\mathrm{d}t\right)'}{(x^2)'} = \lim_{x\to 0}\dfrac{\sin x}{2x} = \dfrac{1}{2}$.

例 6. 计算下列各定积分.

(1) $\displaystyle\int_0^a (3x^2 - x + 1)\,\mathrm{d}x$；　　　(2) $\displaystyle\int_1^2 \left(x^2 + \dfrac{1}{x^2}\right)\mathrm{d}x$；　　　(3) $\displaystyle\int_4^9 \sqrt{x}\,(1+\sqrt{x})\,\mathrm{d}x$.

解： (1) $\displaystyle\int_0^a (3x^2 - x + 1)\,\mathrm{d}x = \left(x^3 - \dfrac{1}{2}x^2 + x\right)\Big|_0^a = a^3 - \dfrac{1}{2}a^2 + a$.

(2) $\displaystyle\int_1^2 \left(x^2 + \dfrac{1}{x^2}\right)\mathrm{d}x = \left(\dfrac{1}{3}x^3 - \dfrac{1}{3}x^{-3}\right)\Big|_1^2 = \dfrac{1}{3}(2^3 - 2^{-3}) - \dfrac{1}{3}(1^3 - 1^{-3}) = 2\dfrac{5}{8}$.

(3) $\displaystyle\int_4^9 \sqrt{x}\,(1+\sqrt{x})\,\mathrm{d}x = \int_4^9 (x^{\frac{1}{2}} + x)\,\mathrm{d}x = \left(\dfrac{2}{3}x^{\frac{3}{2}} + \dfrac{1}{2}x^2\right)\Big|_4^9$

$= \left(\dfrac{2}{3}9^{\frac{3}{2}} + \dfrac{1}{2}9^2\right) - \left(\dfrac{2}{3}4^{\frac{3}{2}} + \dfrac{1}{2}4^2\right) = 45\dfrac{1}{6}$.

例 7. 求下列不定积分.

(1) $\displaystyle\int \dfrac{1}{x^2}\,\mathrm{d}x$；　　　(2) $\displaystyle\int x\sqrt{x}\,\mathrm{d}x$；　　　(3) $\displaystyle\int \dfrac{1}{\sqrt{x}}\,\mathrm{d}x$；

(4) $\displaystyle\int \dfrac{(1-x)^2}{\sqrt{x}}\,\mathrm{d}x$；　　　(5) $\displaystyle\int \dfrac{3x^4 + 3x^2 + 1}{1 + x^2}\,\mathrm{d}x$；　　　(6) $\displaystyle\int \dfrac{x^2}{1+x^2}\,\mathrm{d}x$；

(7) $\displaystyle\int \sec x(\sec x - \tan x)\,\mathrm{d}x$；　　　(8) $\displaystyle\int \cos^2 \dfrac{x}{2}\,\mathrm{d}x$；

解： (1) $\displaystyle\int \dfrac{1}{x^2}\,\mathrm{d}x = \int x^{-2}\,\mathrm{d}x = \dfrac{1}{-2+1}x^{-2+1} + C = -\dfrac{1}{x} + C$.

(2) $\int x\sqrt{x}\,\mathrm{d}x=\int x^{\frac{3}{2}}\,\mathrm{d}x=\dfrac{1}{\frac{3}{2}+1}x^{\frac{3}{2}+1}+C=\dfrac{2}{5}x^{\frac{5}{2}}+C.$

(3) $\int\dfrac{1}{\sqrt{x}}\mathrm{d}x=\int x^{-\frac{1}{2}}\,\mathrm{d}x=\dfrac{1}{-\frac{1}{2}+1}x^{-\frac{1}{2}+1}+C=2\sqrt{x}+C.$

(4) $\int\dfrac{(1-x)^2}{\sqrt{x}}\mathrm{d}x=\int\dfrac{1-2x+x^2}{\sqrt{x}}\mathrm{d}x=\int(x^{-\frac{1}{2}}-2x^{\frac{1}{2}}+x^{\frac{3}{2}})\,\mathrm{d}x=2x^{\frac{1}{2}}-\dfrac{4}{3}x^{\frac{3}{2}}$
$+\dfrac{2}{5}x^{\frac{5}{2}}+C.$

(5) $\int\dfrac{3x^4+3x^2+1}{1+x^2}\mathrm{d}x=\int\left(3x^2+\dfrac{1}{1+x^2}\right)\mathrm{d}x=x^3+\arctan x+C.$

(6) $\int\dfrac{x^2}{1+x^2}\mathrm{d}x=\int\dfrac{x^2+1-1}{1+x^2}\mathrm{d}x=\int\left(1-\dfrac{1}{1+x^2}\right)\mathrm{d}x=x-\arctan x+C.$

(7) $\int\sec x(\sec x-\tan x)\,\mathrm{d}x=\int(\sec^2 x-\sec x\tan x)\,\mathrm{d}x=\tan x-\sec x+C.$

(8) $\int\cos^2\dfrac{x}{2}\mathrm{d}x=\int\dfrac{1+\cos x}{2}\mathrm{d}x=\dfrac{1}{2}\int(1+\cos x)\,\mathrm{d}x=\dfrac{1}{2}(x+\sin x)+C.$

例 8. 求下列不定积分(其中 a,b,ω,φ 均为常数).

(1) $\int\mathrm{e}^{5x}\,\mathrm{d}x$; (2) $\int(3-2x)^3\,\mathrm{d}x$; (3) $\int\dfrac{1}{1-2x}\mathrm{d}x$;

(4) $\int\dfrac{1}{\sqrt[3]{2-3x}}\mathrm{d}x$; (5) $\int(\sin ax-\mathrm{e}^{\frac{x}{b}})\,\mathrm{d}x$; (6) $\int\dfrac{\sin\sqrt{x}}{\sqrt{x}}\mathrm{d}x$;

解: (1) $\int\mathrm{e}^{5x}\,\mathrm{d}x=\dfrac{1}{5}\int\mathrm{e}^{5x}\,\mathrm{d}5x=\dfrac{1}{5}\mathrm{e}^{5x}+C.$

(2) $\int(3-2x)^3\,\mathrm{d}x=-\dfrac{1}{2}\int(3-2x)^3\,\mathrm{d}(3-2x)=-\dfrac{1}{8}(3-2x)^4+C.$

(3) $\int\dfrac{1}{1-2x}\mathrm{d}x=-\dfrac{1}{2}\int\dfrac{1}{1-2x}\mathrm{d}(1-2x)=-\dfrac{1}{2}\ln|1-2x|+C.$

(4) $\int\dfrac{1}{\sqrt[3]{2-3x}}\mathrm{d}x=-\dfrac{1}{3}\int(2-3x)^{-\frac{1}{3}}\,\mathrm{d}(2-3x)=-\dfrac{1}{3}\cdot\dfrac{3}{2}(2-3x)^{\frac{2}{3}}+C=-\dfrac{1}{2}$
$(2-3x)^{\frac{2}{3}}+C.$

(5) $\int(\sin ax-\mathrm{e}^{\frac{x}{b}})\,\mathrm{d}x=\dfrac{1}{a}\int\sin ax\,\mathrm{d}(ax)-b\int\mathrm{e}^{\frac{x}{b}}\,\mathrm{d}\left(\dfrac{x}{b}\right)=\dfrac{1}{a}\cos ax-b\mathrm{e}^{\frac{x}{b}}+C.$

(6) $\int\dfrac{\sin\sqrt{x}}{\sqrt{x}}\mathrm{d}x=2\int\sin\sqrt{x}\,\mathrm{d}\sqrt{x}=-2\cos\sqrt{x}+C$

例 9. 求下列积分.

(1) $\int\dfrac{x^2}{\sqrt{a^2-x^2}}\mathrm{d}x\ (a>0)$; (2) $\int\dfrac{1}{x\sqrt{x^2-1}}\mathrm{d}x$; (3) $\int\dfrac{1}{\sqrt{(x^2+1)^3}}\mathrm{d}x$;

(4) $\int_1^4\dfrac{\mathrm{d}x}{1+\sqrt{x}}$; (5) $\int_{\frac{3}{4}}^1\dfrac{\mathrm{d}x}{\sqrt{1-x}^{-1}}.$

解： （1）如图 3 - 2 所示，$\int \dfrac{x^2}{\sqrt{a^2-x^2}}\mathrm{d}x \xrightarrow{\text{令}\, x=a\sin t} \int \dfrac{a^2\sin^2 t}{a\cos t}a\cos t\,\mathrm{d}t = a^2\int \sin^2 t\,\mathrm{d}t =$

$a^2\int \dfrac{1-\cos 2t}{2}\mathrm{d}t = \dfrac{1}{2}a^2 t - \dfrac{a^2}{4}\sin 2t + C = \dfrac{a^2}{2}\arcsin\dfrac{x}{a} - \dfrac{x}{2}\sqrt{a^2-x^2} + C$

（2）如图 3 - 3 所示，$\int \dfrac{1}{x\sqrt{x^2-1}}\mathrm{d}x \xrightarrow{\text{令}\, x=\sec t} \int \dfrac{1}{\sec t\cdot\tan t}\sec t\cdot\tan t\,\mathrm{d}t = \int \mathrm{d}t =$

$t + C = \arccos\dfrac{1}{x} + C.$

或 $\qquad \int \dfrac{1}{x\sqrt{x^2-1}}\mathrm{d}x = \int \dfrac{1}{x^2\sqrt{1-\dfrac{1}{x^2}}}\mathrm{d}x = -\int \dfrac{1}{\sqrt{1-\dfrac{1}{x^2}}}\mathrm{d}\dfrac{1}{x} = \arccos\dfrac{1}{x} + C.$

（3）如图 3 - 4 所示，$\int \dfrac{1}{\sqrt{(x^2+1)^3}}\mathrm{d}x \xrightarrow{\text{令}\, x=\tan t} \int \dfrac{1}{\sqrt{(\tan t^2+1)^3}}\mathrm{d}\tan t = \int \cos t\,\mathrm{d}t =$

$\sin t + C = \dfrac{x}{\sqrt{x^2+1}} + C.$

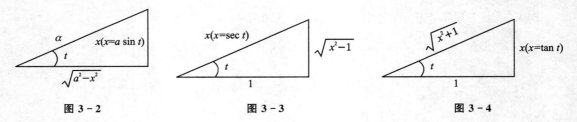

图 3 - 2 　　　　　　　　　图 3 - 3 　　　　　　　　　图 3 - 4

（4）$\displaystyle\int_1^4 \dfrac{\mathrm{d}x}{1+\sqrt{x}} \xrightarrow{\text{令}\,\sqrt{x}=u} \int_1^2 \dfrac{1}{1+u}\mathrm{d}u = 2\int_1^2\left(1-\dfrac{1}{1+u}\right)\mathrm{d}u = 2(u-\ln|1+u|)\ \bigg|_1^2 =$

$2\left(1+\ln\dfrac{2}{3}\right).$

（5）$\displaystyle\int_{\frac{3}{4}}^1 \dfrac{\mathrm{d}x}{\sqrt{1-x}-1} \xrightarrow{\text{令}\,\sqrt{1-x}=u} \int_{\frac{1}{2}}^0 \dfrac{1}{u-1}(-2u)\mathrm{d}u = 2\int_0^{\frac{1}{2}}\left(1+\dfrac{1}{u-1}\right)\mathrm{d}u =$

$2(u+\ln|u-1|)\ \bigg|_0^{\frac{1}{2}} = 1-2\ln 2$

解： $\quad \displaystyle\int \dfrac{\sin\sqrt{t}}{\sqrt{t}}\mathrm{d}x = 2\int \sin\sqrt{t}\,\mathrm{d}\sqrt{t} = -2\cos\sqrt{t} + C.$

例 10. 求下列积分

（1）$\displaystyle\int x\sin x\,\mathrm{d}x$ ；　　　　　　　（2）$\displaystyle\int \ln x\,\mathrm{d}x$ ；　　　　　　　（3）$\displaystyle\int \arcsin x\,\mathrm{d}x$ ；

（4）$\displaystyle\int x\mathrm{e}^{-x}\mathrm{d}x$ ；　　　　　　　（5）$\displaystyle\int x^2\ln x\,\mathrm{d}x$ ；　　　　　　　（6）$\displaystyle\int_0^{\frac{\pi}{2}} \mathrm{e}^{2x}\cos x\,\mathrm{d}x.$

解：（1）$\int x\sin x\,\mathrm{d}x=-\int x\,\mathrm{d}\cos x=-x\cos x+\int \cos x\,\mathrm{d}x=-x\cos x+\sin x+C.$

（2）$\int \ln x\,\mathrm{d}x=x\ln x-\int x\,\mathrm{d}\ln x=x\ln x-\int \mathrm{d}x=x\ln x-x+C.$

（3）$\int \arcsin x\,\mathrm{d}x=x\arcsin x-\int x\,\mathrm{d}\arcsin x=x\arcsin x-\int \dfrac{x}{\sqrt{1-x^2}}\,\mathrm{d}x=x\arcsin x+$

$\sqrt{1-x^2}+C.$

（4）$\int x\mathrm{e}^{-x}\,\mathrm{d}x=-\int x\,\mathrm{d}\mathrm{e}^{-x}=-x\mathrm{e}^{-x}+\int \mathrm{e}^{-x}\,\mathrm{d}x$

$\qquad=-x\mathrm{e}^{-x}-\mathrm{e}^{-x}+C=-(x+1)\mathrm{e}^{-x}+C.$

（5）$\int x^2\ln x\,\mathrm{d}x=\dfrac{1}{3}\int \ln x\,\mathrm{d}x^3=\dfrac{1}{3}x^3\ln x-\dfrac{1}{3}\int x^3\,\mathrm{d}\ln x$

$\qquad=\dfrac{1}{3}x^3\ln x-\dfrac{1}{3}\int x^2\,\mathrm{d}x=\dfrac{1}{3}x^3\ln x-\dfrac{1}{9}x^3+C.$

解： $\displaystyle\int_0^{\frac{\pi}{2}}\mathrm{e}^{2x}\cos x\,\mathrm{d}x=\int_0^{\frac{\pi}{2}}\mathrm{e}^{2x}\,\mathrm{d}\sin x=\mathrm{e}^{2x}\sin x\,\Big|_0^{\frac{\pi}{2}}-2\int_0^{\frac{\pi}{2}}\mathrm{e}^{2x}\sin x\,\mathrm{d}x$

$=\mathrm{e}^{\pi}+2\displaystyle\int_0^{\frac{\pi}{2}}\mathrm{e}^{2x}\cos x\,\mathrm{d}x=\mathrm{e}^{\pi}+2\mathrm{e}^{2x}\cos x\,\Big|_0^{\frac{\pi}{2}}-4\int_0^{\frac{\pi}{2}}\mathrm{e}^{2x}\cos x\,\mathrm{d}x=\mathrm{e}^{\pi}+2-4\int_0^{\frac{\pi}{2}}\mathrm{e}^{2x}\cos x\,\mathrm{d}x$

所以　$\displaystyle\int_0^{\frac{\pi}{2}}\mathrm{e}^{2x}\cos x\,\mathrm{d}x=\dfrac{1}{5}(\mathrm{e}^{\pi}-2).$

例 11.　判别下列各广义积分的收敛性．如果收敛，计算广义积分的值．

（1）$\displaystyle\int_1^{+\infty}\dfrac{1}{x^4}\,\mathrm{d}x$ ；
　　　　　　　　　　（2）$\displaystyle\int_1^{+\infty}\dfrac{\mathrm{d}x}{\sqrt{x}}$ ；

（3）$\displaystyle\int_0^{+\infty}\mathrm{e}^{-ax}\,\mathrm{d}x\,(a>0)$ ；
　　　　　　　（4）$\displaystyle\int_{-\infty}^{+\infty}\dfrac{\mathrm{d}x}{x^2+2x+2}.$

解：（1）因为 $\displaystyle\int_1^{+\infty}\dfrac{1}{x^4}\,\mathrm{d}x=-\dfrac{1}{3}x^{-3}\,\Big|_1^{+\infty}=\lim_{x\to+\infty}\left(-\dfrac{1}{3}x^{-3}\right)+\dfrac{1}{3}=\dfrac{1}{3}$ ，所以广义积分

$\displaystyle\int_1^{+\infty}\dfrac{1}{x^4}\,\mathrm{d}x$ 收敛，且 $\displaystyle\int_1^{+\infty}\dfrac{1}{x^4}\,\mathrm{d}x=\dfrac{1}{3}.$

（2）因为 $\displaystyle\int_1^{+\infty}\dfrac{\mathrm{d}x}{\sqrt{x}}=2\sqrt{x}\,\Big|_1^{+\infty}=\lim_{x\to+\infty}2\sqrt{x}-2=+\infty$ ，所以广义积分 $\displaystyle\int_1^{+\infty}\dfrac{\mathrm{d}x}{\sqrt{x}}$ 发散.

（3）因为 $\displaystyle\int_0^{+\infty}\mathrm{e}^{-ax}\,\mathrm{d}x=-\dfrac{1}{a}\mathrm{e}^{-ax}\,\Big|_0^{+\infty}=\lim_{x\to+\infty}\left(-\dfrac{1}{a}\mathrm{e}^{-ax}\right)+\dfrac{1}{a}=\dfrac{1}{a}$ ，所以广义积分

$\displaystyle\int_0^{+\infty}\mathrm{e}^{-ax}\,\mathrm{d}x$ 收敛，且 $\displaystyle\int_0^{+\infty}\mathrm{e}^{-ax}\,\mathrm{d}x=\dfrac{1}{a}.$

（4）$\displaystyle\int_{-\infty}^{+\infty}\dfrac{\mathrm{d}x}{x^2+2x+2}=\int_{-\infty}^{+\infty}\dfrac{\mathrm{d}x}{1+(x+1)^2}=\arctan(x+1)\,\Big|_{-\infty}^{+\infty}=\dfrac{\pi}{2}-\left(-\dfrac{\pi}{2}\right)=\pi$ ，所

以广义积分 $\int_{-\infty}^{+\infty} \dfrac{\mathrm{d}x}{x^2 + 2x + 2}$ 收敛.

3.4 基础练习

1. 验证下列等式是否成立.

(1) $\int \dfrac{x}{\sqrt{1+x^2}}\mathrm{d}x = \sqrt{1+x^2} + C$;   (2) $\int 3x^2\mathrm{e}^{x^3}\mathrm{d}x = \mathrm{e}^{x^3} + C$.

2. 求函数 $\varphi(x) = \int_1^x t\cos^2 t\,\mathrm{d}t$ 在 $x = 1, \dfrac{\pi}{2}, \pi$ 处的导数.

3. 求下列不定积分.

(1) $\int x^2\sqrt[3]{x}\,\mathrm{d}x$;   (2) $\int \dfrac{1}{x^2\sqrt{x}}\mathrm{d}x$;   (3) $\int \sqrt[m]{x^n}\,\mathrm{d}x$;

(4) $\int (x^2 - 3x + 2)\,\mathrm{d}x$;   (5) $\int (x^2 + 1)^2\,\mathrm{d}x$;   (6) $\int (\sqrt{x} + 1)(\sqrt{x^3} - 1)\,\mathrm{d}x$.

4. 某曲线在任一点的切线斜率等于该点横坐标的倒数,且通过点 $(\mathrm{e}^2, 3)$,求该曲线方程.

5. 求下列不定积分.

(1) $\int \dfrac{1}{\sqrt[3]{3-2x}}\mathrm{d}x$;   (2) $\int \tan 5x\,\mathrm{d}x$;   (3) $\int x\mathrm{e}^{-x^2}\,\mathrm{d}x$;

(4) $\int (x^2 - 3x + 1)^{100}(2x - 3)\,\mathrm{d}x$;   (5) $\int \dfrac{x^2}{(x-1)^{100}}\mathrm{d}x$;   (6) $\int \dfrac{1}{1+3x}\mathrm{d}x$.

6. 利用牛顿–莱布尼兹公式计算下列积分.

(1) $\int_{-1}^1 (x-1)^3\,\mathrm{d}x$;   (2) $\int_0^5 |1-x|\,\mathrm{d}x$;   (3) $\int_{-2}^2 x\sqrt{x^2}\,\mathrm{d}x$

(4) $\int_1^{\sqrt{3}} \dfrac{2x^2+1}{x^2(1+x^2)}\mathrm{d}x$;   (5) $\int_0^{\pi} \sqrt{\sin x - \sin^3 x}\,\mathrm{d}x$;   (6) $\int_0^{\sqrt{\ln 2}} x\mathrm{e}^{x^2}\,\mathrm{d}x$;

7. 求下列不定积分.

(1) $\int \dfrac{\arctan\sqrt{x}}{\sqrt{x}(1+x)}\mathrm{d}x$;   (2) $\int \dfrac{f'(x)}{1+f^2(x)}\mathrm{d}x$.

8. 求下列积分.

(1) $\int \dfrac{x^2}{\sqrt{2-x}}\mathrm{d}x$;   (2) $\int \dfrac{\sqrt{x+1}-1}{\sqrt{x+1}+1}\mathrm{d}x$;

(3) $\int_{-1}^1 \dfrac{x}{\sqrt{5-4x}}\mathrm{d}x$;   (4) $\int_1^2 \dfrac{\sqrt{x^2-1}}{x}\mathrm{d}x$.

9. 用分部积分法计算下列积分.

(1) $\int \arctan x\,\mathrm{d}x$;   (2) $\int \mathrm{e}^{\sqrt{x}}\,\mathrm{d}x$;

(3) $\int_0^1 x^3\mathrm{e}^{x^2}\,\mathrm{d}x$;   (4) $\int_{\frac{\pi}{4}}^{\frac{\pi}{3}} \dfrac{x}{\sin^2 x}\mathrm{d}x$.

10. 设 $f(x)$ 在 $[a,b]$ 上连续,试证明 $\int_a^b f(a+b-x)\,\mathrm{d}x = \int_a^b f(x)\,\mathrm{d}x$.

11. 求下列积分.

(1) $\displaystyle\int_0^{+\infty} x\mathrm{e}^{-x}\,\mathrm{d}x$;

(2) $\displaystyle\int_{\frac{2}{\pi}}^{+\infty} \frac{1}{x^2}\sin\frac{1}{x}\,\mathrm{d}x$;

(3) $\displaystyle\int_1^{\mathrm{e}} \frac{1}{x\sqrt{1-\ln^2 x}}\,\mathrm{d}x$;

(4) $\displaystyle\int_2^{+\infty} \frac{1-\ln x}{x^2}\,\mathrm{d}x$.

3.5　同 步 自 测

3.5.1　同步自测 1

1. 选择题.

(1) $\int f(x)\mathrm{d}x = \mathrm{e}^x\cos 2x + C$,则 $f(x) = ($ 　　 $)$.

　　A. $\mathrm{e}^x(\cos 2x - 2\sin 2x)$　　　　B. $\mathrm{e}^x(\cos 2x - 2\sin 2x) + C$

　　C. $\mathrm{e}^x\cos 2x$　　　　　　　　D. $-\mathrm{e}^x\sin 2x$

(2) 若 $F(x),G(x)$ 均为 $f(x)$ 的原函数,则 $F'(x) - G'(x) = ($ 　　 $)$.

　　A. $f(x)$　　　　　　　　　B. 0

　　C. $F(x)$　　　　　　　　　D. $f'(x)$

(3) 函数 $f(x)$ 的(　)原函数,称为 $f(x)$ 的不定积分.

　　A. 任意一个　　　　　　　B. 所有

　　C. 唯一　　　　　　　　　D. 某一个

(4) 设 $f(x)$ 是可导函数,则 $\dfrac{\mathrm{d}}{\mathrm{d}x}\int(x)\mathrm{d}x = ($ 　　 $)$.

　　A. $f(x)$　　　　　　　　　B. $f(x) + C$

　　C. $f'(x)$　　　　　　　　　D. $f'(x) + C$

(5) $\int \sqrt[3]{x}\cdot\sqrt{x}\,\mathrm{d}x = ($ 　　 $)$.

　　A. $\dfrac{6}{11}x^{\frac{11}{6}} + C$　　　　　　B. $\dfrac{5}{6}x^{\frac{6}{5}} + C$

　　C. $\dfrac{3}{4}x^{\frac{4}{3}} + C$　　　　　　D. $\dfrac{2}{3}x^{\frac{3}{2}} + C$

(6) $\int f'(\sqrt{x})\,\mathrm{d}\sqrt{x} = ($ 　　 $)$.

　　A. $f(\sqrt{x})$　　　　　　　B. $f(\sqrt{x}) + C$

　　C. $f(x)$　　　　　　　　　D. $f(x) + C$

(7) 若 $f'(x^2) = \dfrac{1}{x}$ $(x>0)$,则 $f(x) = ($ 　　 $)$.

　　A. $\dfrac{1}{\sqrt{x}} + C$　　　　　　B. $2\sqrt{x} + C$

C. $\sqrt{x}+C$ D. $\ln|x|+C$

(8) 设 $a=\ln2$，则 $\int(2^x+a^3)\mathrm{d}x=($).

    A. $\dfrac{2^x}{\ln2}+a^3x$ B. $\dfrac{2^x}{\ln2}+\dfrac{a^3}{4}+C$

    C. $\dfrac{2^x}{\ln2}+(\ln2)^3x+C$;   D. $\dfrac{2^x}{\ln2}+(\ln2)^3+C$

(9) 设 $f(x)$ 是连续函数，且 $\int f(x)\mathrm{d}x=F(x)+C$，则下列各式正确的是(   ).

    A. $\int f(x^2)\mathrm{d}x=F(x^2)+C$ B. $\int f(3x+2)\mathrm{d}x=F(3x+2)+C$

    C. $\int f(\mathrm{e}^x)\mathrm{d}x=F(\mathrm{e}^x)+C$ D. $\int f(\ln2x)\dfrac{1}{x}\mathrm{d}x=F(\ln2x)+C$

(10) $\int(\dfrac{1}{1+x^2})'\mathrm{d}x=($).

    A. $\dfrac{1}{1+x^2}$ B. $\dfrac{1}{1+x^2}+C$

    C. $\arctan x$ D. $\arctan x+C$

2. 填空题.

(1) 函数 $f(x)=x^2+\sin x$ 的一个原函数是_____.

(2) $\mathrm{d}x=$_____$\mathrm{d}(2-3x)$.

(3) $x\,\mathrm{d}x=$_____$\mathrm{d}(2x^2-1)$.

(4) $\sin\dfrac{x}{3}\mathrm{d}x=$_____$\mathrm{d}\left(\cos\dfrac{x}{3}\right)$.

(5) $\int_0^1 2x\,\mathrm{d}x=$_____.

(6) $\int_0^{2\pi}\cos x\,\mathrm{d}x=$_____.

(7) 若 $\int_a^b\dfrac{f(x)}{f(x)+g(x)}\mathrm{d}x=1$，则 $\int_a^b\dfrac{g(x)}{f(x)+g(x)}\mathrm{d}x=$_____.

(8) 设 e^{-x} 是 $f(x)$ 的一个原函数，则 $\int xf'(x)\mathrm{d}x=$_____.

3. 如何表述定积分的几何意义？根据定积分的几何意义推证下列积分的值.

(1) $\int_{-1}^1 x\,\mathrm{d}x$；   (2) $\int_{-R}^R\sqrt{R^2-x^2}\,\mathrm{d}x$

(3) $\int_0^{2\pi}\cos x\,\mathrm{d}x$ (4) $\int_{-1}^1|x|\,\mathrm{d}x$.

4. 利用定积分的估值公式，估计定积分 $\int_{\frac{\pi}{4}}^{\frac{5\pi}{4}}(1+\sin^2x)\mathrm{d}x$ 的值.

5. 求下列不定积分.

(1) $\int 5x^3\mathrm{d}x$；   (2) $\int(x-2)^2\mathrm{d}x$；

(3) $\int\dfrac{\cos 2x}{\cos^2x\sin^2x}\mathrm{d}x$；   (4) $\int\left(1-\dfrac{1}{x^2}\right)\sqrt{x\sqrt{x}}\,\mathrm{d}x$；

(5) $\int \sin 2x \,\mathrm{d}x$；

(6) $\int \mathrm{e}^{3x} \,\mathrm{d}x$；

(7) $\int \sqrt{1-2x} \,\mathrm{d}x$；

(8) $\int \dfrac{\sin x}{1+\cos x} \,\mathrm{d}x$；

(9) $\int \dfrac{1}{1+\sqrt{2x}} \,\mathrm{d}x$；

(10) $\int x^2 \mathrm{e}^{-x} \,\mathrm{d}x$.

6. 计算下列各定积分.

(1) $\displaystyle\int_{\frac{1}{\sqrt{3}}}^{\sqrt{3}} \dfrac{1}{1+x^2} \,\mathrm{d}x$；

(2) $\displaystyle\int_{-\frac{1}{2}}^{\frac{1}{2}} \dfrac{1}{\sqrt{1-x^2}} \,\mathrm{d}x$；

(3) $\displaystyle\int_{0}^{\sqrt{3}a} \dfrac{1}{a^2+x^2} \,\mathrm{d}x$；

(4) $\displaystyle\int_{0}^{1} a^x \mathrm{e}^x \,\mathrm{d}x$；

(5) $\displaystyle\int_{-1}^{0} \dfrac{3x^4+3x^2+1}{1+x^2} \,\mathrm{d}x$；

(6) $\displaystyle\int_{-\mathrm{e}-1}^{-2} \dfrac{1}{1+x} \,\mathrm{d}x$；

(7) $\displaystyle\int_{0}^{3} |2-x| \,\mathrm{d}x$；

(8) $\displaystyle\int_{-\frac{\pi}{2}}^{\frac{\pi}{2}} |\sin x| \,\mathrm{d}x$；

(9) $\displaystyle\int_{-\frac{\pi}{2}}^{\frac{\pi}{2}} \sin^2 \dfrac{x}{2} \,\mathrm{d}x$；

(10) $\displaystyle\int_{1}^{\mathrm{e}} \dfrac{1+\ln x}{x} \,\mathrm{d}x$；

(11) $\displaystyle\int_{0}^{1} x \mathrm{e}^{-x} \,\mathrm{d}x$；

(12) $\displaystyle\int_{1}^{\mathrm{e}} x \ln x \,\mathrm{d}x$；

(13) $\displaystyle\int_{0}^{\frac{2\pi}{\omega}} t \sin \omega t \,\mathrm{d}t$（$\omega$ 为常数）.

7. 求下列广义积分.

(1) $\displaystyle\int_{0}^{+\infty} x \mathrm{e}^{-x} \,\mathrm{d}x$

(2) $\displaystyle\int_{\frac{2}{\pi}}^{+\infty} \dfrac{1}{x^2} \sin \dfrac{1}{x} \,\mathrm{d}x$

(3) $\displaystyle\int_{0}^{1} \dfrac{x\,\mathrm{d}x}{\sqrt{1-x^2}}$

(4) $\displaystyle\int_{a}^{2a} \dfrac{\mathrm{d}x}{(x-a)^{\frac{3}{2}}}$

8. 求由曲线 $y=\dfrac{1}{x}$ 与直线 $y=x$ 及 $x=2$ 所围成的平面图形的面积.

9. 求由曲线 $y=\mathrm{e}^x$，$y=\mathrm{e}^{-x}$ 与直线 $x=1$ 所围成的平面图形的面积.

3.5.2　同步自测 2

1. 选择题.

(1) 若 $f'(x)=g'(x)$，则下列式子一定成立的有（　　）.

　A. $f(x)=g(x)$

　B. $\int \mathrm{d}f(x) = \int \mathrm{d}g(x)$

　C. $\left[\int f(x)\mathrm{d}x\right]' = \left[\int g(x)\mathrm{d}x\right]'$

　D. $f(x)=g(x)+1$

(2) $\int [f(x)+xf'(x)] \,\mathrm{d}x = $（　　）.

　A. $f(x)+C$　　B. $f'(x)+C$　　C. $f^2(x)+C$　　D. $xf(x)+C$

(3) 若 $\ln |x|$ 是函数 $f(x)$ 的一个原函数,则 $f(x)$ 的另一个原函数是（　　）.

A. $\ln|ax|$ B. $\dfrac{1}{a}\ln|ax|$ C. $\ln|x+a|$ D. $\dfrac{1}{2}(\ln x)^2$

(4) 下列各式中,计算正确的是(   ).

A. $\displaystyle\int\frac{1}{1-x}dx=\int\frac{1}{1-x}d(1-x)=\ln|1-x|+C$

B. $\displaystyle\int\frac{1}{1+e^x}dx=\ln(1+e^x)+C$

C. $\displaystyle\int\cos 2x\,dx=\sin 2x+C$

D. $\displaystyle\int\frac{\tan^2 x}{1-\sin^2 x}dx=\int\tan^2 x\,d(\tan x)=\frac{1}{3}\tan^3 x+C$

(5) 积分 $\displaystyle\int\frac{e^{2x}}{\sqrt{4-e^{4x}}}dx=($).

A. $\arcsin\dfrac{e^{2x}}{2}+C$ B. $\dfrac{1}{2}\arcsin\dfrac{e^{2x}}{2}+C$

C. $\dfrac{1}{4}\arcsin\dfrac{e^{2x}}{2}+C$ D. $2\arcsin\dfrac{e^{2x}}{2}+C$

(6) 若 $\displaystyle\int f(x)dx=F(x)+C$,则 $\displaystyle\int\sin x f(\cos x)dx=($).

A. $F(\sin x)+C$ B. $-F(\sin x)+C$

C. $F(\cos x)+C$ D. $-F(\cos x)+C$

(7) 设 $f'(x)$ 连续,则变上限积分 $\displaystyle\int_a^x f(t)dt$ 是(   ).

   A. $f'(x)$ 的一个原函数   B. $f'(x)$ 的全体原函数

   C. $f(x)$ 的一个原函数   D. $f(x)$ 的全体原函数

(8) 设函数 $f(x)=\displaystyle\int_0^x(t-1)dt$,则函数 $f(x)$ 有(   ).

A. 极小值 $\dfrac{1}{2}$ B. 极大值 $\dfrac{1}{2}$

C. 极小值 $-\dfrac{1}{2}$ D. 极大值 $-\dfrac{1}{2}$

(9) $\displaystyle\int_1^0 f'(3x)dx=($).

A. $\dfrac{1}{3}[f(0)-f(3)]$ B. $f(0)-f(3)$

C. $f(3)-f(0)$ D. $\dfrac{1}{3}[f(3)-f(0)]$

(10) $\displaystyle\int_0^5|2x-4|dx=($).

A. 11   B. 12   C. 13   D. 14

2. 填空题.

(1) 若 $f(x)$ 在 $[a,b]$ 上连续,且 $\int_a^b f(x)\mathrm{d}x = 0$,则 $\int_a^b [f(x)+1]\mathrm{d}x =$ _____.

(2) $\dfrac{1}{1+9x^2}\mathrm{d}x =$ _____ $\mathrm{d}(\arctan 3x)$.

(3) $\dfrac{x\,\mathrm{d}x}{\sqrt{1-x^2}} =$ _____ $\mathrm{d}(\sqrt{1-x^2})$.

(4) $\int_{-\pi}^{\pi} x^3 \sin^2 x\,\mathrm{d}x =$ _____.

(5) $\int_0^{\pi} x\sin x\,\mathrm{d}x =$ _____.

(6) 设 $f(x)$ 为连续函数,则 $\int_{-a}^a x^2 [f(x)-f(-x)]\,\mathrm{d}x =$ _____.

(7) 设 x^3 为 $f(x)$ 的一个原函数,则 $\mathrm{d}f(x) =$ _____.

(8) 设 $\int_{-1}^1 3f(x)\mathrm{d}x = 18$, $\int_{-1}^3 f(x)\mathrm{d}x = 4$,则 $\int_{-1}^1 f(x)\mathrm{d}x =$ _____, $\int_1^3 f(x)\mathrm{d}x =$ _____.

3. 用定积分的定义计算积分 $\int_a^b x\,\mathrm{d}x$.

4. 求函数 $f(x) = \sqrt{1-x^2}$ 在闭区间 $[-1,1]$ 上的平均值.

5. 求下列不定积分.

(1) $\displaystyle\int \frac{1}{\sqrt{2gh}}\mathrm{d}h$ (g 是常数)；

(2) $\displaystyle\int \frac{\cos 2x}{\cos x - \sin x}\mathrm{d}x$；

(3) $\displaystyle\int \frac{\cos 2x}{\cos^2 x \sin^2 x}\mathrm{d}x$；

(4) $\displaystyle\int \frac{1}{x\ln x \ln\ln x}\mathrm{d}x$；

(5) $\displaystyle\int \frac{x\tan\sqrt{1+x^2}}{\sqrt{1+x^2}}\mathrm{d}x$；

(6) $\displaystyle\int \frac{\sin x + \cos x}{\sqrt[3]{\sin x - \cos x}}\mathrm{d}x$；

(7) $\displaystyle\int \sin^3 x \cos^3 x\,\mathrm{d}x$；

(8) $\displaystyle\int \mathrm{e}^x \sin \mathrm{e}^x\,\mathrm{d}x$；

(9) $\displaystyle\int \frac{\sqrt{x^2-9}}{x}\mathrm{d}x$；

(10) $\displaystyle\int \frac{1}{1+\sqrt{1-x^2}}\mathrm{d}x$；

(11) $\displaystyle\int \frac{1}{x+\sqrt{1-x^2}}\mathrm{d}x$；

(12) $\displaystyle\int \mathrm{e}^x \sin x\,\mathrm{d}x$；

(13) $\displaystyle\int x\arctan x\,\mathrm{d}x$.

6. 求下列各定积分.

(1) $\displaystyle\int_0^1 \frac{1}{\sqrt{4-x^2}}\mathrm{d}x$；

(2) $\displaystyle\int_0^{\frac{\pi}{4}} \tan^2\theta\,\mathrm{d}\theta$；

(3) $\displaystyle\int_0^{\pi} \sin^3 x \cos^2 x\,\mathrm{d}x$；

(4) $\displaystyle\int_{-1}^1 \frac{x\,\mathrm{d}x}{\sqrt{5-4x}}$；

(5) $\int_0^{\sqrt{2}} \sqrt{2-x^2}\,\mathrm{d}x$;

(6) $\int_1^{\sqrt{3}} \dfrac{1}{x^2\sqrt{1+x^2}}\,\mathrm{d}x$;

(7) $\int_0^{\frac{\sqrt{2}}{2}} \arccos x\,\mathrm{d}x$;

(8) $\int_{\frac{1}{e}}^{e} |\ln x|\,\mathrm{d}x$;

(9) $\int_{-\frac{1}{2}}^{\frac{1}{2}} \dfrac{x\arcsin x}{\sqrt{1-x^2}}\,\mathrm{d}x$;

(10) $\int_0^1 \dfrac{\arcsin\sqrt{x}}{\sqrt{x(1-x)}}\,\mathrm{d}x$.

7. 求下列极限

(1) $\lim\limits_{x\to 0} \dfrac{\int_0^x \cos t^2\,\mathrm{d}t}{x^2}$;

(2) $\lim\limits_{x\to 0} \dfrac{\left(\int_0^x e^{t^2}\,\mathrm{d}t\right)^2}{\int_0^x t e^{2t^2}\,\mathrm{d}t}$.

8. 已知 $\int f(x)\,\mathrm{d}x = \sin x^2 + C$，求 $\int \dfrac{xf(\sqrt{2x^2-1})}{\sqrt{2x^2-1}}\,\mathrm{d}x$.

9. 设 $f''(x)$ 在 $[a,b]$ 上连续，求证：$\int_a^b xf''(x)\,\mathrm{d}x = [bf'(b)-f(b)] - [af'(a)-f(a)]$

第 4 章　无穷级数

4.1　知识梳理

4.1.1　级数的基本概念

1. 相关定义

定义 1　设给定一个无穷数列：$u_1,u_2,u_3,\cdots,u_n,\cdots$，把他们各项依次相加得表达式 $u_1+u_2+u_3+\cdots+u_n+\cdots$ 称为无穷级数，简称级数，记为 $\sum\limits_{n=1}^{\infty}u_n$.

定义 2　无穷级数 $\sum\limits_{n=1}^{\infty}u_n$ 的前 n 项之和 $S_n=u_1+u_2+u_3+\cdots u_n$，称为该级数的部分和，若当 $n\to\infty$ 时，S_n 极限存在，即 $\lim\limits_{n\to\infty}S_n=S$，则称级数 $\sum\limits_{n=1}^{\infty}u_n$ 是收敛的，称 S 为该级数的和，即 $S_n=u_1+u_2+u_3+\cdots u_n$；若当 $n\to\infty$ 时，S_n 极限不存在，则称级数 $\sum\limits_{n=1}^{\infty}u_n$ 是发散的，发散的级数没有和.

2. 常数项级数的性质

性质 1　（收敛的必要条件）若级数 $\sum\limits_{n=1}^{\infty}u_n$ 收敛，则 $\lim\limits_{n\to\infty}u_n=0$.

性质 2　若级数 $\sum\limits_{n=1}^{\infty}u_n$ 收敛，其和为 S，则级数 $\sum\limits_{n=1}^{\infty}cu_n$ 也收敛，其和为 cS；若级数 $\sum\limits_{n=1}^{\infty}u_n$ 发散，则级数 $\sum\limits_{n=1}^{\infty}cu_n(c\neq 0)$ 也发散（级数的每一项乘以不等于零的常数后，其敛散性不变）.

性质 3　若级数 $\sum\limits_{n=1}^{\infty}u_n$ 和 $\sum\limits_{n=1}^{\infty}v_n$ 都收敛，其和分别为 S_1 和 S_2，则级数 $\sum\limits_{n=1}^{\infty}(u_n\pm v_n)$ 也收敛，且其和为 $S_1\pm S_2$，即两个收敛级数可以逐项相加、减.

性质 4　一个级数增加或减少有限项，其收敛性不变.

4.1.2　常数项级数的审敛法

定理 1　正项级数收敛的充要条件是它的部分和数列有界.

定理 2　（比较审敛法）设有正项级数 $\sum\limits_{n=1}^{\infty}u_n$ 和 $\sum\limits_{n=1}^{\infty}v_n$，且 $u_n\leqslant v_n(n=1,2,\cdots)$.

① 若级数 $\sum\limits_{n=1}^{\infty}v_n$ 收敛，则级数 $\sum\limits_{n=1}^{\infty}u_n$ 也收敛.

② 若级数 $\sum\limits_{n=1}^{\infty}u_n$ 发散，则级数 $\sum\limits_{n=1}^{\infty}v_n$ 也发散.

定理 3 级数 $\sum\limits_{n=1}^{\infty} \dfrac{1}{n^p} = 1 + \dfrac{1}{2^p} + \dfrac{1}{3^p} + \cdots (p>0)$ 称为 p 级数，当 $p>1$ 时，p 级数收敛；当 $p \leqslant 1$ 时，p 级数发散. 特别地，当 $p=1$ 时，p 级数就是调和级数.

定理 4 （达朗贝尔比值审敛法）设有正项级数 $\sum\limits_{n=1}^{\infty} u_n$，若 $\lim\limits_{n \to \infty} \dfrac{u_{n+1}}{u_n} = \rho$ 存在，则

① 当 $\rho < 1$ 时，级数收敛.

② 当 $\rho > 1$ 时，级数发散.

③ 当 $\rho = 1$ 时，级数可能收敛也可能发散，此时需用其他方法判别.

定理 5 （莱布尼兹审敛法）若交错级数 $\sum\limits_{n=1}^{\infty} (-1)^{n-1} u_n$ 满足条件：

① $u_n \geqslant u_{n+1} (n=1,2,3,\cdots)$.

② $\lim\limits_{n \to \infty} u_n = 0$.

则级数 $\sum\limits_{n=1}^{\infty} (-1)^{n-1} u_n$ 收敛，且其和 $S \leqslant u_1$.

定理 6 若级数 $\sum\limits_{n=1}^{\infty} |u_n|$ 收敛，则级数 $\sum\limits_{n=1}^{\infty} u_n$ 必收敛，且为绝对收敛. 若级数 $\sum\limits_{n=1}^{\infty} |u_n|$ 发散，但级数 $\sum\limits_{n=1}^{\infty} u_n$ 收敛，则该级数 $\sum\limits_{n=1}^{\infty} u_n$ 为条件收敛.

4.1.3 幂级数

定义 1 函数项级数 $\sum\limits_{n=1}^{\infty} u_n(x)$ 的前 n 项之和
$$S_n(x) = u_1(x) + u_2(x) + \cdots + u_n(x),$$

称为级数 $\sum\limits_{n=1}^{\infty} u_n(x)$ 的部分和，如果 x 是收敛域中的任意一点，则对应于这个 x 的函数序列 $S_n(x)(n=1,2,3,\cdots)$ 收敛，其值是关于 x 的函数，即
$$\lim\limits_{n \to \infty} S_n(x) = S(x)$$

则称 $S(x)$ 为函数项级数 $\sum\limits_{n=1}^{\infty} u_n(x)$ 的和函数，简称和，记做
$$S(x) = u_1(x) + u_2(x) + \cdots + u_n(x) + \cdots$$

定义 2 形如
$$a_0 + a_1(x-x_0) + a_2(x-x_0)^2 + \cdots + a_n(x-x_0)^n + \cdots$$

的称为幂级数，其中 $a_0, a_1, a_2, \cdots, a_n, \cdots$ 都是常数，$a_0, a_1, a_2, \cdots, a_n, \cdots$ 称为幂级数对应项的系数.

特别地，当 $x_0 = 0$ 时，化为
$$a_0 + a_1 x + a_2 x^2 + \cdots + a_n x^n + \cdots$$

定理 设有幂级数 $\sum\limits_{n=1}^{\infty} a_n x^n$，它的相邻两项的系数满足 $\lim\limits_{n \to \infty} \dfrac{|a_n|}{|a_{n+1}|} = R$.

① 若 $0 < R < +\infty$，则当 $|x| < R$ 时，幂级数收敛，当 $|x| > R$ 时幂级数发散.

② 若 $R = +\infty$，则幂级数在 $(-\infty, +\infty)$ 处收敛.

③ 若 $R=0$,则幂级数仅在 $x=0$ 处收敛.

4.1.4　函数的幂级数展开式

定义　如果函数 $f(x)$ 在 $x=x_0$ 的,某一邻域内,各阶导数均存在,则在这个邻域内有如下公式.

$$f(x)=f(x_0)+f'(x_0)(x-x_0)+\frac{f''(x_0)}{2!}(x-x_0)^2+\cdots+\frac{f^{(n)}(x_0)}{n!}(x-x_0)^n+\cdots$$

$$(4-1)$$

式(4-1)称为**泰勒级数**.

当 $x_0=0$ 时,化为

$$f(x)=f(0)+f'(0)x+\frac{f''(0)}{2!}x^2+\cdots+\frac{f^{(n)}(0)}{n!}x^n+\cdots \qquad (4-2)$$

式(4-2)称为**麦克劳林级数**.

4.2　重难点分析

1. 级数收敛问题

讨论级数收敛问题首先应该从收敛的必要条件入手,级数通项应该满足:$\lim\limits_{n\to\infty}u_n=0$,即:若 $u_n(n\to\infty)$ 不趋近于 0,则级数发散,但 $u_n(n\to\infty)$ 趋近于 0 时,不能说明级数一定收敛,需要用其他的判别法继续判定.

2. 无穷级数的收敛

对于无穷级数的收敛,可以转换为研究部分和数列的收敛问题,二者的收敛性是一致的.

3. 级数敛散性的判断

判断级数收敛的方法众多,我们需要及时判别出不同题型采用的可靠方法.

4. 判别级数敛散性的主要步骤

① 首先判断 $\lim\limits_{n\to\infty}u_n$ 是否为 0,如果不为 0,则级数发散,如果为 0,则进入第②步.

② $\lim\limits_{n\to\infty}u_n$ 为 0 时,采用相应的方法来判断(比较审敛法、比值审敛法、达朗贝尔法).

5. 交错级数 $\sum\limits_{n=1}^{\infty}(-1)^{n-1}u_n$,先采用莱布尼兹判别法,看级数是否收敛,同时再求 $\sum\limits_{n=1}^{\infty}|(-1)^{n-1}u_n|=\sum\limits_{n=1}^{\infty}|u_n|$ 是否收敛.

6. 求幂级数收敛域的一般步骤

① 首先求收敛半径,$\lim\limits_{n\to\infty}\dfrac{|a_n|}{|a_{n+1}|}=R$;

② 讨论端点的连续性,即在 $x=\pm R$ 处级数 $\sum\limits_{n=1}^{\infty}a_nx^n$ 的敛散性;

③ 写出级数的收敛域.

7. 将函数 $f(x)$ 展开成 x 的幂级数的步骤

① 求出 $f(x)$ 的各阶导数 $f'(x),f''(x),f'''(x),\cdots,f^{(n)}(x),\cdots$,如果 $f(x)$ 在 $x=0$ 处的

某一阶导数不存在,就停止进行.

② 求出 $f(x)$ 及其各阶导数在 $x=0$ 处的值,

$$f'(0), f''(0), f'''(0), \cdots, f^{(n)}(0), \cdots.$$

③ 写出幂级数.

$$f(0)+f'(0)x+\frac{f''(0)}{2!}x^2+\cdots+\frac{f^{(n)}(0)}{n!}x^n+\cdots,$$

并求出其收敛区间.

8. 常用的展开式

① $\dfrac{1}{1-x}=1+x+x^2+\cdots+x^n+\cdots \quad x \in (-1,1).$

② $e^x=\displaystyle\sum_{n=0}^{\infty}\frac{x^n}{n!}=1+x+\frac{x^2}{2!}+\cdots+\frac{x^n}{n!}+\cdots \quad x \in (-\infty,\infty).$

③ $\cos x=\displaystyle\sum_{n=0}^{\infty}\frac{(-1)^n}{(2n)!}x^{2n}=1-\frac{x^2}{2!}+\frac{x^4}{4!}+\cdots+\frac{(-1)^n}{(2n)!}x^{2n}+\cdots \quad x \in (-\infty,+\infty).$

④ $\sin x=\displaystyle\sum_{n=1}^{\infty}\frac{(-1)^{n-1}}{(2n-1)!}x^{2n-1}=x-\frac{x^3}{3!}+\frac{x^5}{5!}-\cdots+\frac{(-1)^{n-1}}{(2n-1)!}x^{2n-1}+\cdots \quad x \in (-\infty,+\infty).$

⑤ $\ln(1+x)=\displaystyle\sum_{n=0}^{\infty}\frac{(-1)^n}{n+1}x^{n+1} \quad x \in (-1,1]$

4.3 典型例题

例1. 讨论下列级数的敛散性.

(1) $\displaystyle\sum_{n=1}^{\infty}\frac{2n+1}{3n-1}$;

(2) $\displaystyle\sum_{n=1}^{\infty}\left(1+\frac{1}{n}\right)^{2n}$.

解: (1)因 $u_n=\dfrac{2n+1}{3n-1}$,$\lim\limits_{n\to\infty}u_n=\lim\limits_{n\to\infty}\dfrac{2n+1}{3n-1}=\lim\limits_{n\to\infty}\dfrac{2n+1}{3n-1}=\dfrac{2}{3}\neq 0$,不满足收敛的必要条件,所以级数发散.

(2) 因 $u_n=\left(1+\dfrac{1}{n}\right)^{2n}$,$\lim\limits_{n\to\infty}u_n=\lim\limits_{n\to\infty}\left(1+\dfrac{1}{n}\right)^{2n}=\lim\limits_{n\to\infty}\left[\left(1+\dfrac{1}{n}\right)^{n}\right]^2=e^2\neq 0$,不满足收敛的必要条件,所以级数发散.

例2. 证明调和级数 $\displaystyle\sum_{n=1}^{\infty}\frac{1}{n}$ 发散.

证明: 假设级数收敛于 S,于是 $\lim\limits_{n\to\infty}(S_{2n}-S_n)=S-S=0$,而

$$S_{2n}-S_n=\frac{1}{n+1}+\frac{1}{n+2}+\cdots+\frac{1}{2n}\geqslant\frac{1}{n+n}+\frac{1}{n+n}+\cdots+\frac{1}{2n}=\frac{n}{2n}=\frac{1}{2}$$

那么 $0=\lim\limits_{n\to\infty}(S_{2n}-S_n)\geqslant\dfrac{1}{2}$,矛盾,故调和级数 $\displaystyle\sum_{n=1}^{\infty}\frac{1}{n}$ 发散.

例3. 讨论级数 $\dfrac{1}{2\times 4}+\dfrac{1}{4\times 6}+\dfrac{1}{6\times 8}+\cdots+\dfrac{1}{2n\times(2n+2)}+\cdots$ 是否收敛.

解：首先

$$\frac{1}{2n\times(2n+2)}=\frac{1}{2}(\frac{1}{2n}-\frac{1}{2n+2})S_n=\frac{1}{2\times4}+\frac{1}{4\times6}+\frac{1}{6\times8}+\cdots+\frac{1}{2n\times(2n+2)}+\cdots$$

$$=\frac{1}{2}(\frac{1}{2}-\frac{1}{4})+\frac{1}{2}(\frac{1}{4}-\frac{1}{6})+\cdots+\frac{1}{2}(\frac{1}{2n}-\frac{1}{2n+2})+\cdots$$

$$=\frac{1}{2}(\frac{1}{2}-\frac{1}{4}+\frac{1}{4}-\frac{1}{6}+\cdots+\frac{1}{2n}-\frac{1}{2n+2}+\cdots)$$

$$=\frac{1}{2}(\frac{1}{2}-\frac{1}{2n+2})$$

因为 $\lim\limits_{n\to\infty}S_n=\lim\limits_{n\to\infty}\frac{1}{2}(\frac{1}{2}-\frac{1}{2n+2})=\frac{1}{4}$，所以级数收敛于 $\frac{1}{4}$.

例 4. 讨论级数 $\sum\limits_{n=1}^{\infty}(\sqrt{n+1}-\sqrt{n})$ 是否收敛.

解：首先 $S_n=\sum\limits_{n=1}^{\infty}(\sqrt{n+1}-\sqrt{n})=(\sqrt{2}-1)+(\sqrt{3}-\sqrt{2})+\cdots+(\sqrt{n+1}-\sqrt{n})=\sqrt{n+1}-1$，$\lim\limits_{n\to\infty}S_n=\lim\limits_{n\to\infty}(\sqrt{n+1}-1)=\infty$，所以级数发散.

例 5. 判定下列正项级数 $\sum\limits_{n=1}^{\infty}\dfrac{\sin^2\frac{n\pi}{5}}{4^n}$ 的敛散性.

解：因为 $\dfrac{\sin^2\frac{n\pi}{5}}{4^n}<\dfrac{1}{4^n}$，而级数 $\sum\limits_{n=1}^{\infty}\dfrac{1}{4^n}$ 收敛，所以由比较判别法知级数 $\sum\limits_{n=1}^{\infty}\dfrac{\sin^2\frac{n\pi}{5}}{4^n}$ 收敛.

例 6. 判定下列正项级数 $\sum\limits_{n=1}^{\infty}\dfrac{1}{\sqrt{n(n+1)}}$ 的敛散性.

解：因为 $\dfrac{1}{\sqrt{n(n+1)}}>\dfrac{1}{n+1}$，而级数 $\sum\limits_{n=1}^{\infty}\dfrac{1}{n+1}=\dfrac{1}{2}+\dfrac{1}{3}+\cdots+\dfrac{1}{n+1}+\cdots$ 是发散的，根据比较判别法可知级数 $\sum\limits_{n=1}^{\infty}\dfrac{1}{\sqrt{n(n+1)}}$ 也是发散的.

例 7. 判定下列正项级数 $\sum\limits_{n=1}^{\infty}\dfrac{n+1}{2n^3-n^2-1}$ 的敛散性.

解：$\lim\limits_{n\to\infty}\dfrac{\frac{n+1}{2n^3-n^2-1}}{\frac{1}{n^2}}=\dfrac{1}{2}$，故级数 $\sum\limits_{n=1}^{\infty}\dfrac{n+1}{2n^3-n^2-1}$ 与 $\sum\limits_{n=1}^{\infty}\dfrac{1}{n^2}$ 具有相同的敛散性，而级数 $\sum\limits_{n=1}^{\infty}\dfrac{1}{n^2}$ 是收敛的，所以，级数 $\sum\limits_{n=1}^{\infty}\dfrac{n+1}{2n^3-n^2-1}$ 收敛.

例 8. 判定下列正项级数 $\sum\limits_{n=1}^{\infty}\sin\dfrac{1}{n}$ 的敛散性.

解：$\lim\limits_{n\to\infty}\dfrac{\sin\frac{1}{n}}{\frac{1}{n}}=1$，故级数 $\sum\limits_{n=1}^{\infty}\sin\dfrac{1}{n}$ 与 $\sum\limits_{n=1}^{\infty}\dfrac{1}{n}$ 具有相同的敛散性，而级数 $\sum\limits_{n=1}^{\infty}\dfrac{1}{n}$ 是发

散的,所以,级数 $\displaystyle\sum_{n=1}^{\infty}\sin\frac{1}{n}$ 发散.

例 9. 讨论级数 $\displaystyle\sum_{n=1}^{\infty}\frac{4^{n+1}+3\cdot 2^{n}}{5^{n}}$ 的敛散性.

解： $\displaystyle\sum_{n=1}^{\infty}\frac{4^{n+1}+3\cdot 2^{n}}{5^{n}}=\sum_{n=1}^{\infty}\left(\frac{4^{n+1}}{5^{n}}+3\cdot\frac{2^{n}}{5^{n}}\right)$，$u_{n}=\frac{4^{n+1}}{5^{n}}$，$\displaystyle\lim_{n\to\infty}\frac{u_{n+1}}{u_{n}}=\lim_{n\to\infty}\frac{\dfrac{4^{n+2}}{5^{n+1}}}{\dfrac{4^{n+1}}{5^{n}}}=$

$\dfrac{4}{5}<1$ 收敛，$v_{n}=3\cdot\dfrac{2^{n}}{5^{n}}$，$\displaystyle\lim_{n\to\infty}\frac{v_{n+1}}{v_{n}}=\lim_{n\to\infty}\frac{3\cdot\dfrac{2^{n+1}}{5^{n+1}}}{3\cdot\dfrac{2^{n}}{5^{n}}}=\frac{2}{5}<1$ 收敛，所以 $\displaystyle\sum_{n=1}^{\infty}\frac{4^{n+1}+3\cdot 2^{n}}{5^{n}}$ 收敛.

例 10. 讨论级数 $\sin\dfrac{1}{2}+2\cdot\sin\dfrac{1}{2^{2}}+3\cdot\sin\dfrac{1}{2^{3}}+\cdots+n\cdot\sin\dfrac{1}{2^{n}}+\cdots$ 的敛散性.

解： 由题意有级数通项为 $u_{n}=n\sin\dfrac{1}{2^{n}}$，则有

$$\lim_{n\to\infty}\frac{u_{n+1}}{u_{n}}=\lim_{n\to\infty}\frac{(n+1)\sin\dfrac{1}{2^{n+1}}}{n\sin\dfrac{1}{2^{n}}}=\lim_{n\to\infty}\frac{\sin\dfrac{1}{2^{n+1}}}{\dfrac{1}{2^{n+1}}}\cdot\frac{\dfrac{1}{2^{n}}}{\sin\dfrac{1}{2^{n}}}\cdot\frac{n+1}{2n}=\frac{1}{2}<1，故该级数$$

收敛.

例 11. 讨论级数 $\displaystyle\sum_{n=1}^{\infty}\frac{n^{n}}{3^{n}\cdot n!}$ 的敛散性

解： 因为：$\displaystyle\lim_{n\to\infty}\frac{(n+1)^{n+1}}{3^{n+1}(n+1)!}\bigg/\frac{n^{n}}{3^{n}\cdot n!}=\lim_{n\to\infty}\frac{1}{3}\left(1+\frac{1}{n}\right)^{n}=\frac{\mathrm{e}}{3}<1$，所以，级数 $\displaystyle\sum_{n=1}^{\infty}$

$\dfrac{n^{n}}{3^{n}\cdot n!}$ 收敛.

例 12. 判定级数 $\displaystyle\sum_{n=1}^{\infty}(-1)^{n-1}\frac{1}{n}$ 的敛散性.

解： $\displaystyle\sum_{n=1}^{\infty}(-1)^{n-1}\frac{1}{n}$ 为交错级数，$u_{n}=\dfrac{1}{n}$. $u_{n}=\dfrac{1}{n}$ 单调递减，$\displaystyle\lim_{n\to\infty}u_{n}=\lim_{n\to\infty}\frac{1}{n}=0$，则级数

$\displaystyle\sum_{n=1}^{\infty}(-1)^{n-1}\frac{1}{n}$ 收敛.

例 13. 判定级数 $\displaystyle\sum_{n=3}^{\infty}(-1)^{n-1}\frac{\ln n}{n}$ 的敛散性：

解： $\displaystyle\sum_{n=3}^{\infty}(-1)^{n-1}\frac{\ln n}{n}$ 为交错级数，$u_{n}=\dfrac{\ln n}{n}$. 为了说明级数是否满足莱布尼兹判别法

的条件,考虑函数 $u(x)=\dfrac{\ln x}{x}$，可知 $u'(x)=\dfrac{1-\ln x}{x^{2}}<0$（$x\geqslant 3$）. 故 $u(x)$ 在 $[3,+\infty)$ 上单

调递减,因而 $n\geqslant 3$ 时,有 $u_{n}>u_{n+1}$.

又因为 $\lim\limits_{x\to+\infty}u(x)=\lim\limits_{x\to+\infty}\dfrac{\ln x}{x}=0$，故 $\lim\limits_{n\to\infty}u_n=0$. 因此，$\sum\limits_{n=3}^{\infty}(-1)^{n-1}\dfrac{\ln n}{n}$ 是莱布尼兹型级数，故收敛.

例 14. 判别级数 $\sum\limits_{n=1}^{\infty}\dfrac{\pi}{3^n}\sin 3^n\pi$ 的敛散性，若收敛指明是绝对收敛还是条件收敛.

解： 因为 $\left|\dfrac{\pi}{3^n}\sin 3^n\pi\right|\leqslant\dfrac{\pi}{3^n}$，而级数 $\sum\limits_{n=1}^{\infty}\dfrac{\pi}{3^n}$ 是收敛的几何级数，由比较判别法知正项级数 $\sum\limits_{n=1}^{\infty}\left|\dfrac{\pi}{3^n}\sin 3^n\pi\right|$ 收敛，所以级数 $\sum\limits_{n=1}^{\infty}\dfrac{\pi}{3^n}\sin 3^n\pi$ 绝对收敛.

例 15. 判断级数 $\sum\limits_{n=1}^{\infty}(-1)^n\dfrac{n+1}{4n^3}$ 的敛散性，若收敛指明是绝对收敛还是条件收敛.

解： 因为 $\sum\limits_{n=1}^{\infty}\left|(-1)^n\dfrac{n+1}{4n^3}\right|=\sum\limits_{n=1}^{\infty}\dfrac{n+1}{4n^3}$，对级数 $\sum\limits_{n=1}^{\infty}\dfrac{n+1}{4n^3}$ 有比值判别法 $\lim\limits_{n\to\infty}\dfrac{\frac{n+1}{4n^3}}{\frac{1}{n^2}}=\lim\limits_{n\to\infty}\dfrac{n^3+n^2}{4n^3}=\dfrac{3}{4}$，且级数 $\sum\limits_{n=1}^{\infty}\dfrac{1}{n^2}$ 收敛，所以级数 $\sum\limits_{n=1}^{\infty}\dfrac{n+1}{4n^3}$ 收敛，由此级数 $\sum\limits_{n=1}^{\infty}(-1)^n\dfrac{n+1}{4n^3}$ 收敛，且为绝对收敛.

例 16. 求幂级数 $\sum\limits_{n=1}^{\infty}\dfrac{n+1}{3^n}x^{n-1}$ 收敛半径.

解： 因 $\lim\limits_{n\to\infty}\left|\dfrac{\frac{n+2}{3^{n+1}}x^n}{\frac{n+1}{3^n}x^{n-1}}\right|=\dfrac{x}{3}<1$，所以 $-3<x<3$，其收敛半径为 3.

例 17. 求幂级数 $\sum\limits_{n=1}^{\infty}\dfrac{(-1)^n}{4^n}x^{2n-1}$ 收敛半径.

解： 因 $\lim\limits_{n\to\infty}\left|\dfrac{\frac{(-1)^{n+1}}{4^{n+1}}x^{2n+1}}{\frac{(-1)^n}{4^n}x^{2n-1}}\right|=\dfrac{x^2}{4}<1$，所以 $-2<x<2$，其收敛半径为 2.

例 18. 求幂级数 $\sum\limits_{n=1}^{\infty}\dfrac{x^n}{3^n\cdot(n+1)}$ 的收敛半径、收敛域.

解： $\lim\limits_{n\to\infty}\left|\dfrac{a_n}{a_{n+1}}\right|=\lim\limits_{n\to\infty}\dfrac{1}{3^n\cdot(n+1)}\Big/\dfrac{1}{3^{n+1}\cdot(n+2)}=3$，所以收敛半径 $R=3$.

当 $x=3$ 时，原级数变为调和级数 $\sum\limits_{n=1}^{\infty}\dfrac{1}{n+1}$，是发散的. 当 $x=-3$ 时，原级数变为交错级数 $\sum\limits_{n=1}^{\infty}(-1)^n\dfrac{1}{n+1}$，是收敛的. 所以，幂级数的收敛域为 $[-3,\ 3)$.

例 19. 求幂级数 $\sum\limits_{n=1}^{\infty}\dfrac{n+1}{5^n}(x+1)^n$ 的收敛域.

解： 令 $t=x+1$，则原幂级数化为 $\sum\limits_{n=1}^{\infty} \dfrac{n+1}{5^n}t^n$．由于 $\lim\limits_{n\to\infty}\left|\dfrac{a_n}{a_{n+1}}\right|=\lim\limits_{n\to\infty}\dfrac{n+1}{5^n}\bigg/\dfrac{n+2}{5^{n+1}}=5$，所以，幂级数 $\sum\limits_{n=1}^{\infty}\dfrac{n+1}{5^n}t^n$ 的收敛半径为 $R=5$．当 $t=5$ 时，幂级数 $\sum\limits_{n=1}^{\infty}\dfrac{n+1}{5^n}t^n$ 成为 $\sum\limits_{n=1}^{\infty}(n+1)$ 发散；当 $t=-5$ 时，幂级数 $\sum\limits_{n=1}^{\infty}\dfrac{n+1}{5^n}t^n$ 成为 $\sum\limits_{n=1}^{\infty}(-1)^n(n+1)$ 发散．因此，幂级数 $\sum\limits_{n=1}^{\infty}\dfrac{n+1}{5^n}t^n$ 的收敛域为 $(-5,5)$．所以，原幂级数 $\sum\limits_{n=1}^{\infty}\dfrac{n+1}{5^n}(x+1)^n$ 的收敛域为 $-5<x+1<5$，即为 $(-6,4)$．

例 20. 求幂级数 $\sum\limits_{n=0}^{\infty}\dfrac{(x-3)^{2n+1}}{9^{2n+1}}$ 的收敛半径、收敛域．

解： 令 $t=x-3$，则原幂级数化为 $\sum\limits_{n=0}^{\infty}\dfrac{t^{2n+1}}{9^{2n+1}}$，$\lim\limits_{n\to\infty}\left|\dfrac{\frac{t^{2n+3}}{9^{2n+3}}}{\frac{t^{2n+1}}{9^{2n+1}}}\right|=\dfrac{t^2}{9^2}<1$，其收敛半径为 $R=9$，当 $t=9$ 时，幂级数 $\sum\limits_{n=0}^{\infty}\dfrac{t^{2n+1}}{9^{2n+1}}$ 成为 $\sum\limits_{n=1}^{\infty}1$ 发散；当 $t=-2$ 时，幂级数 $\sum\limits_{n=0}^{\infty}\dfrac{t^{2n+1}}{9^{2n+1}}$ 成为 $\sum\limits_{n=0}^{\infty}(-1)^{2n+1}$ 发散．因此，幂级数 $\sum\limits_{n=0}^{\infty}\dfrac{t^{2n+1}}{9^{2n+1}}$ 的收敛域为 $(-9,9)$．所以，原幂级数 $\sum\limits_{n=0}^{\infty}\dfrac{(x-3)^{2n+1}}{9^{2n+1}}$ 的收敛域为 $-9<x-3<9$，即为 $(-6,12)$．

例 21. 求函数 $\sin x$ 的麦克劳林展开式．

解： 由 $\cos x=1-\dfrac{x^2}{2!}+\dfrac{x^4}{4!}+\cdots+\dfrac{(-1)^n}{(2n)!}x^{2n}+\cdots$ $\quad x\in(-\infty,+\infty)$，

逐项求导得到

$$-\sin x=-x+\dfrac{x^3}{3!}+\cdots+\dfrac{(-1)^n}{(2n-1)!}x^{2n-1}+\dfrac{(-1)^{n+1}}{(2n+1)!}x^{2n+1}\cdots \quad x\in(-\infty,+\infty)$$

所以 $\sin x=x-\dfrac{x^3}{3!}+\dfrac{x^5}{5!}-\cdots+\dfrac{(-1)^{n-1}}{(2n-1)!}x^{2n-1}+\dfrac{(-1)^n}{(2n+1)!}x^{2n+1}\cdots x\in(-\infty,+\infty)$

例 22. 将函数 $\dfrac{1}{x+2}$ 展开为 x 的幂级数（即麦克劳林级数）．

解： 因为 $\dfrac{1}{1-x}=1+x+x^2+\cdots+x^n+\cdots \quad x\in(-1,1)$．

则 $\dfrac{1}{x+2}=\dfrac{1}{2}\cdot\dfrac{1}{1+\frac{1}{2}x}=\dfrac{1}{2}\sum\limits_{n=0}^{\infty}(-1)^n\left(\dfrac{1}{2}x\right)^n$，$x\in(-2,2)$

例 23. 将函数 $\dfrac{1}{x^2-3x+2}$ 展开为 x 的幂级数（即麦克劳林级数）．

解 由题意得 $\dfrac{1}{x^2-3x+2}=\dfrac{1}{(x-2)(x-1)}=\dfrac{1}{x-2}-\dfrac{1}{x-1}$

又因为 $\dfrac{1}{1-x}=1+x+x^2+\cdots+x^n+\cdots \quad x\in(-1,1)$

则　　$\dfrac{1}{x-2}=-\dfrac{1}{2}\cdot\dfrac{1}{1-\dfrac{1}{2}x}=-\dfrac{1}{2}\sum_{n=0}^{\infty}\left(\dfrac{1}{2}x\right)^{n}=-\sum_{n=0}^{\infty}\left(\dfrac{1}{2}\right)^{n+1}x^{n},x\in(-2,2)$

$$\dfrac{1}{x-1}=-1\cdot\dfrac{1}{1-x}=-1\sum_{n=0}^{\infty}x^{n}=-\sum_{n=0}^{\infty}x^{n},x\in(-1,1)$$

综上所述：$\dfrac{1}{x^{2}-3x+2}=-\sum_{n=0}^{\infty}\left(\left(\dfrac{1}{2}\right)^{n+1}+1\right)x^{n},x\in(-1,1)$.

例 24.　将函数 $f(x)=\displaystyle\int_{0}^{x}\mathrm{e}^{-\frac{t^{2}}{2}}\mathrm{d}t$ 展开成 x 的幂级数.

解：　因为 $\mathrm{e}^{x}=\displaystyle\sum_{n=0}^{\infty}\dfrac{x^{n}}{n!}=1+x+\dfrac{x^{2}}{2!}+\cdots+\dfrac{x^{n}}{n!}+\cdots\quad x\in(-\infty,\infty)$,

则　　$\mathrm{e}^{-\frac{t^{2}}{2}}=1+\left(-\dfrac{t^{2}}{2}\right)+\dfrac{1}{2!}\left(-\dfrac{t^{2}}{2}\right)^{2}+\cdots+\dfrac{1}{n!}\left(-\dfrac{t^{2}}{2}\right)^{n}+\cdots.$

对展开式进行逐项积分,得

$$f(x)=\int_{0}^{x}\mathrm{e}^{-\frac{t^{2}}{2}}\mathrm{d}t=\int_{0}^{x}\left(1+\left(-\dfrac{t^{2}}{2}\right)+\dfrac{1}{2!}\left(-\dfrac{t^{2}}{2}\right)^{2}+\cdots+\dfrac{1}{n!}\left(-\dfrac{t^{2}}{2}\right)^{n}+\cdots\right)\mathrm{d}t$$

$$=x-\dfrac{x^{3}}{3\cdot2}+\dfrac{x^{5}}{2!\cdot5\cdot2^{2}}-\dfrac{x^{7}}{3!\cdot7\cdot2^{3}}+\cdots+\dfrac{(-1)^{n}x^{2n+1}}{n!(2n+1)2^{n}}+\cdots$$

例 25.　将函数 $\dfrac{1}{x-1}$ 展开为 $(x-3)$ 的幂级数.

解：　因为　$\dfrac{1}{1+x}=1-x+x^{2}-\cdots+(-1)^{n}x^{n}+\cdots\quad x\in(-1,1)$,

则 $\dfrac{1}{x-1}=\dfrac{1}{2+(x-3)}=\dfrac{1}{2}\cdot\dfrac{1}{1+\dfrac{x-3}{2}}=\dfrac{1}{2}\sum_{n=0}^{\infty}(-1)^{n}\left(\dfrac{x-3}{2}\right)^{n}=\sum_{n=0}^{\infty}\dfrac{(-1)^{n}}{2^{n+1}}$

$(x-3)^{n},x\in(1,5)$

例 26.　将函数 $\dfrac{x}{x^{2}-3x-4}$ 展开为 $x-2$ 的幂级数.

解：　由题意得 $\dfrac{x}{x^{2}-3x-4}=\dfrac{x}{(x-4)(x+1)}=\dfrac{1}{5}\left(\dfrac{4}{x-4}+\dfrac{1}{x+1}\right)$

又因为　$\dfrac{4}{x-4}=-\dfrac{4}{2-(x-2)}=-\dfrac{2}{1-\dfrac{x-2}{2}}=-\sum_{n=0}^{\infty}\dfrac{(x-2)^{n}}{2^{n-1}},x\in(0,4)$

则　　$\dfrac{1}{x+1}=\dfrac{1}{3}\dfrac{1}{1+\dfrac{x-2}{3}}=\sum_{n=0}^{\infty}(-1)^{n}\dfrac{(x-2)^{n}}{3^{n+1}}x,\in(-1,5)$

综上所述：$\dfrac{x}{x^{2}-3x-4}=\dfrac{1}{5}\sum_{n=0}^{\infty}\left[\dfrac{(-1)^{n}}{3^{n+1}}-\dfrac{1}{2^{n-1}}\right](x-2)^{n}x\in(0,4)$.

例 27.　把函数 $f(x)=\arctan x$ 展开成 x 的幂级数,并求级数 $\displaystyle\sum_{n=0}^{\infty}\dfrac{(-1)^{n}}{3^{n}(2n+1)}$ 的和.

解：　因为　　$\dfrac{1}{1-x}=1+x+x^{2}+\cdots+x^{n}+\cdots\quad x\in(-1,1)$

$$f'(x)=\frac{1}{1+x^2}=\sum_{n=0}^{\infty}(-1)^n x^{2n}[x\in(-1,1)]$$

$$f(x)=f(0)+\int_0^x f'(t)\,dt=\int_0^x\sum_{n=0}^{\infty}(-1)^n t^{2n}\,dt=\sum_{n=0}^{\infty}(-1)^n\frac{x^{2n+1}}{2n+1}(x\in(-1,1)),$$

又因 $f(x)$ 在点 $x=\pm1$ 处连续,而 $\sum_{n=.0}^{\infty}(-1)^n\frac{x^{2n+1}}{2n+1}$ 在点 $x=\pm1$ 处收敛,

从而 $$f(x)=\sum_{n=.0}^{\infty}(-1)^n\frac{x^{2n+1}}{2n+1}[x\in(-1,1)]$$

于是 $$\sum_{n=0}^{\infty}\frac{(-1)^n}{3^n(2n+1)}=\sqrt{3}\sum_{n=0}^{\infty}\frac{(-1)^n}{(2n+1)}\cdot\left(\frac{1}{\sqrt{3}}\right)^{2n+1}=\sqrt{3}f\left(\frac{1}{\sqrt{3}}\right)=\frac{\sqrt{3}}{6}\pi.$$

4.4 基础练习

1. 判断下列级数的敛散性.

(1) $\sum_{n=1}^{\infty}\cos\frac{\pi}{n}$; (2) $\sum_{n=1}^{\infty}\frac{n}{3n+1}$; (3) $\sum_{n=1}^{\infty}\frac{3+(-1)^n}{5^n}$;

(4) $\sum_{n=1}^{\infty}\frac{1}{2^n}\sin\frac{\pi}{n}$; (5) $\sum_{n=1}^{\infty}\frac{3}{9^n+1}$; (6) $\sum_{n=1}^{\infty}\frac{2n}{n^2(n+1)}$;

(7) $\sum_{n=1}^{\infty}\frac{n+3}{4^n}$; (8) $\sum_{n=1}^{\infty}\frac{2}{n!}$; (9) $\sum_{n=1}^{\infty}(\sqrt{n^2+3}-\sqrt{n^2-3})$.

2. 判断下列级数的敛散性.

(1) $\sum_{n=0}^{\infty}\frac{(-1)^n}{2^n}$; (2) $\sum_{n=0}^{\infty}\frac{(-1)^n}{\sqrt{n+1}}$; (3) $\sum_{n=1}^{\infty}\frac{(-1)^n}{3n^2+1}$;

(4) $\sum_{n=1}^{\infty}\frac{(-1)^{n-1}4n}{7n+1}$; (5) $\sum_{n=1}^{\infty}\frac{(-1)^n n}{\sqrt{3n^2+2}}$; (6) $\sum_{n=1}^{\infty}\frac{(-1)^{n-1}3}{n!}$.

3. 求下列级数的收敛半径、收敛域.

(1) $\sum_{n=1}^{\infty}(3n+1)x^{n-1}$; (2) $\sum_{n=0}^{\infty}\frac{3n+1}{4n^3}x^n$; (3) $\sum_{n=1}^{\infty}\frac{3n-1}{3^n}x^{2n-1}$.

4. 把下列级数展开为关于 x 的幂级数.

(1) $\frac{1}{x+4}$; (2) $\frac{1}{x^2+4x-5}$; (3) e^{2x}.

5. 把下列级数展开为关于 $(x-1)$、$(x+1)$ 的幂级数.

(1) $\frac{1}{x+4}$; (2)、$\frac{1}{x^2+2x-8}$; (3) $\ln(x+3)$.

4.5　同步自测

4.5.1　同步自测 1

1. 选择题.

(1) 下列命题正确的是(　　).

 A. $\lim\limits_{n\to\infty}v_n=0$,则 $\sum\limits_{n=1}^{\infty}v_n$ 必发散   B. $\lim\limits_{n\to\infty}v_n\neq0$,则 $\sum\limits_{n=1}^{\infty}v_n$ 必发散

 C. $\lim\limits_{n\to\infty}v_n=0$,则 $\sum\limits_{n=1}^{\infty}v_n$ 必收敛   D. $\lim\limits_{n\to\infty}v_n\neq0$,则 $\sum\limits_{n=1}^{\infty}v_n$ 必收敛

(2) 下列级数收敛的是(　　).

 A. $\sum\limits_{n=1}^{\infty}\dfrac{1}{\sqrt{n}}$ B. $\sum\limits_{n=1}^{\infty}\dfrac{n}{2n+1}$ C. $\sum\limits_{n=1}^{\infty}\dfrac{1}{n\sqrt{n+1}}$ D. $\sum\limits_{n=1}^{\infty}\left(\dfrac{e}{2}\right)^n$

(3) 下列级数绝对收敛的是(　　).

 A. $\sum\limits_{n=1}^{\infty}(-1)^n\dfrac{3n-2}{2n+5}\cdot\dfrac{1}{\sqrt[3]{n}}$ B. $\sum\limits_{n=1}^{\infty}(-1)^n\dfrac{5\ln n}{n}$

 C. $\sum\limits_{n=1}^{\infty}(-1)^n\tan\dfrac{2}{3^{n+1}}$ D. $\sum\limits_{n=1}^{\infty}(-1)^n(\sqrt{n+1}-\sqrt{n})$

2. 填空题.

(1) 已知级数为 $\dfrac{1}{\ln2}+\dfrac{2}{\ln3}+\dfrac{3}{\ln4}+\cdots$ 则其通项为_____.

(2) 级数 $\sum\limits_{n=0}^{\infty}\dfrac{1}{n(n+1)}x^n$ 的收敛半径为_____.

(3) 级数 $\sum\limits_{n=0}^{\infty}\dfrac{(\ln3)^n}{2^n}$ 的和为_____.

3. 判断下列级数的收敛性.

(1) $\sum\limits_{n=1}^{\infty}\dfrac{1}{\sqrt{n^2+1}}$;   (2) $\sum\limits_{n=1}^{\infty}\dfrac{2+3^n(-1)^{n-1}}{5^n}$

4. 判断下列级数是否收敛. 若收敛,是绝对收敛还是条件收敛?

(1) $\sum\limits_{n=1}^{\infty}\dfrac{\sin n\pi}{\sqrt[3]{n^4}}$;   (2) $\sum\limits_{n=1}^{\infty}(-1)^n\dfrac{1}{\sqrt[3]{n^2}}$

5. 求下列级数的收敛区间.

(1) $\sum\limits_{n=0}^{\infty}\dfrac{1}{4^n}x^n$;   (2) $\sum\limits_{n=1}^{\infty}\dfrac{n^n}{n!}x^n$

6. 求下列幂级数在收敛区间上的和函数.

(1) $1+2x+3x^2+\cdots+(n+1)x^n+\cdots$

(2) $4x^3+\dfrac{6}{2!}x^5+\dfrac{8}{3!}x^7\cdots+\dfrac{2n+2}{n!}x^{2n+1}+\cdots$

7. 将下列函数展开为 x 的幂级数.

(1) e^{-3x}；
(2) $\dfrac{1}{x^2-5x+6}$

8. 将下列函数展开为 $(x-4)$ 的幂级数.

(1) $\dfrac{1}{2-x}$；
(2) $\dfrac{1}{x^2-2x-3}$

4.5.2 同步自测 2

1. 选择题.

(1) 设级数 $\sum\limits_{n=1}^{\infty}u_n$ 收敛，下列级数必收敛的是（　　）.

A. $\sum\limits_{n=1}^{\infty}(-1)^n u_n$　B. $\sum\limits_{n=1}^{\infty}(u_n+u_{n+1})$　C. $\sum\limits_{n=1}^{\infty}u_n^2$　D. $\sum\limits_{n=1}^{\infty}(u_n^2+u_{n+1}^2)$

(2) 下列级数收敛的是（　　）.

A. $\sum\limits_{n=1}^{\infty}(-1)^n\dfrac{1}{\sqrt{n}}$　B. $\sum\limits_{n=1}^{\infty}\dfrac{n^2}{3n+1}$　C. $\sum\limits_{n=1}^{\infty}\dfrac{1}{\sqrt{n+1}}$　D. $\sum\limits_{n=1}^{\infty}(\dfrac{3}{e})^n$

2. 填空题.

(1) 已知 $\lim\limits_{n\to\infty}u_n=1$，则 $\sum\limits_{n=0}^{\infty}(u_n-u_{n+1})$ 的和为为_____.

(2) 级数 $\sum\limits_{n=0}^{\infty}\dfrac{1}{\sqrt{n+1}}(x-1)^n$ 的收敛域为_____.

(3) 将函数 $f(x)=\ln(2+x)$ 展开成 $x-2$ 的幂级数_____.

3. 判断下列级数的收敛性.

(1) $\sum\limits_{n=2}^{\infty}\ln\dfrac{n}{n-1}$；
(2) $\sum\limits_{n=2}^{\infty}\dfrac{1}{\sqrt{n}}\ln\dfrac{n+1}{n-1}$.

4. 判断下列级数是否收敛，若收敛，是绝对收敛还是条件收敛？

(1) $\sum\limits_{n=1}^{\infty}\dfrac{\cos n}{n^2}$；
(2) $\sum\limits_{n=1}^{\infty}(-1)^n\dfrac{(n+1)!}{n^{n+1}}$.

5. 求下列级数的收敛域.

(1) $\sum\limits_{n=1}^{\infty}(\dfrac{1}{3^n}+\dfrac{n}{4^n})x^n$；
(2) $\sum\limits_{n=0}^{\infty}\dfrac{1}{4^n n^2}x^{2n+1}$.

6. 求下列幂级数在收敛区间上的和函数.

(1) $\sum\limits_{n=1}^{\infty}(n+1)nx^n$；
(2) $\sum\limits_{n=0}^{\infty}(-1)^n\dfrac{1}{2n+1}x^{2n+1}$.

7. 将下列函数展开为 x 的幂级数.

(1) $\ln(2+x)$；
(2) $\arctan x$.

8. 将下列函数展开为 $(x-3)$ 的幂级数.

(1) $\ln x$；
(2) $\dfrac{1}{(x+2)^2}$.

第5章　常微分方程

5.1　知识梳理

1. 相关定义

定义 1　含有自变量、未知函数以及未知函数的导数（或者微分）的等式称为微分方程.

定义 2　形如

$$\frac{\mathrm{d}y}{\mathrm{d}x} = f(x)g(y)$$

的微分方程称为可分离变量的微分方程

定义 3　形如

$$\frac{\mathrm{d}y}{\mathrm{d}x} = \varphi\left(\frac{y}{x}\right)$$

的微分方程称为齐次方程.

定义 4　形如

$$\frac{\mathrm{d}y}{\mathrm{d}x} + p(x)y = f(x)$$

的微分方程称为一阶线性微分方程.

特别地，当 $f(x)=0$ 时，称 $\frac{\mathrm{d}y}{\mathrm{d}x} + p(x)y = 0$ 为一阶线性齐次微分方程.

定义 5　设 $y_1(x)$、$y_2(x)$ 是定义在区间 I 内的两个函数，如果存在两个不全为零的常数 k_1, k_2 使得在区间内恒有，

$$k_1 y_1(x) + k_2 y_2(x) = 0$$

则称这两个函数在区间 I 内线性相关，否则称线性无关.

2. 基本定理

定理 1　如果函数 $y_1(x)$ 与 $y_2(x)$ 是方程 $\frac{\mathrm{d}^2 y}{\mathrm{d}x^2} + p(y)\frac{\mathrm{d}y}{\mathrm{d}x} + q(x)y = 0$ 的两个解，则

$$y = C_1 y_1(x) + C_2 y_2(x)$$

也是方程 $\frac{\mathrm{d}^2 y}{\mathrm{d}x^2} + p(y)\frac{\mathrm{d}y}{\mathrm{d}x} + q(x)y = 0$ 的解，其中 C_1, C_2 是任意常数.

定理 2　如果 $y_1(x)$ 与 $y_2(x)$ 是方程 $\frac{\mathrm{d}^2 y}{\mathrm{d}x^2} + p(y)\frac{\mathrm{d}y}{\mathrm{d}x} + q(x)y = 0$ 的两个线性无关的特解，则 $y = C_1 y_1(x) + C_2 y_2(x)$ 就是方程 $\frac{\mathrm{d}^2 y}{\mathrm{d}x^2} + p(y)\frac{\mathrm{d}y}{\mathrm{d}x} + q(x)y = 0$ 的通解，其中 C_1, C_2 是任意常数.

定理 3 设 $\bar{y}$ 是方程 $\dfrac{\mathrm{d}^2 y}{\mathrm{d}x^2}+p(y)\dfrac{\mathrm{d}y}{\mathrm{d}x}+q(x)y=f(x)$ 的一个特解,而 Y 是其对应的齐次方程 $\dfrac{\mathrm{d}^2 y}{\mathrm{d}x^2}+p(y)\dfrac{\mathrm{d}y}{\mathrm{d}x}+q(x)y=0$ 的通解,则

$$y=Y+\bar{y}$$

就是二阶线性非齐次微分方程 $\dfrac{\mathrm{d}^2 y}{\mathrm{d}x^2}+p(y)\dfrac{\mathrm{d}y}{\mathrm{d}x}+q(x)y=f(x)$ 的通解.

定理 4 设 $\overline{y_1}$ 与 $\overline{y_2}$ 分别是方程 $y''+p(x)y'+q(x)y=f_1(x)$ 与 $y''+p(x)y'+q(x)y=f_2(x)$ 的特解,则 $\overline{y_1}+\overline{y_2}$ 是方程 $y''+p(x)y'+q(x)y=f_1(x)+f_2(x)$ 的特解.

5.2 重难点分析

复杂微分方程求解是本节的难点,特别是形如 $\dfrac{\mathrm{d}y}{\mathrm{d}x}=\varphi\left(\dfrac{y}{x}\right)$ 的微分方程.

① 对于一阶线性微分方程求解是本章的难点,可采用表 5-1 中方法求解.

表 5-1

类 型	方 程	解 法
齐次	$\dfrac{\mathrm{d}y}{\mathrm{d}x}+p(x)y=0$	$y=C\mathrm{e}^{-\int p(x)\mathrm{d}x}$
非齐次	$\dfrac{\mathrm{d}y}{\mathrm{d}x}+p(x)y=f(x)$	$y=\mathrm{e}^{-\int p(x)\mathrm{d}x}\left[\int f(x)\mathrm{e}^{\int p(x)\mathrm{d}x}\mathrm{d}x+C\right]$

② 对于可降阶微分方程可采用表 5-2 中方法求解.

表 5-2

类 型	方 程	解 法
Ⅰ(只含 $y^{(n)}$、x)	$y^{(n)}=f(x)$	$y^{(n-1)}=\int f(x)\mathrm{d}x$ 逐次降阶
Ⅱ(不显含 y)	$y''=f(x,y')$	设 $y'=p(x)$,化原方程为 $p'=f(x,p)$
Ⅲ(不显含 x)	$y''=f(y,y')$	设 $y'=p(y)$,化原方程为 $p\dfrac{\mathrm{d}p}{\mathrm{d}y}=f(y,p)$

③ 二阶常系数线性齐次微分方程解的结构如表 5-3 所列.

表 5-3

特征方程 $r^2+pr+q=0$ 的两个根 r_1,r_2	微分方程 $y''+py'+qy=0$ 的通解
两个不相等实根 r_1,r_2	$y=C_1\mathrm{e}^{r_1 x}+C_2\mathrm{e}^{r_2 x}$
两个相等实根 $r_1=r_2=r$	$y=(C_1+C_2 x)\mathrm{e}^{rx}$
一对共轭虚根 $r=\alpha\pm\beta i$	$y=\mathrm{e}^{\alpha x}(C_1\cos\beta x+C_2\sin\beta x)$

④ 二阶常系数线性非齐次微分方程解的结构如表 5 - 4 所列.

表 5 - 4

$f(x)$形式	特解形式	
$f(x)=p_m(x)\mathrm{e}^{\lambda x}$	λ 不是特征根	$\bar{y}=Q_m(x)\mathrm{e}^{\lambda x}$
	λ 是一重特征根	$\bar{y}=xQ_m(x)\mathrm{e}^{\lambda x}$
	λ 是二重特征根	$\bar{y}=x^2Q_m(x)\mathrm{e}^{\lambda x}$
$f(x)=a^{\alpha x}(A\cos \omega x+B\sin \omega x)$	$\alpha\pm\omega i$ 不是特征根	$\bar{y}=\mathrm{e}^{\alpha x}(A\cos \omega x+B\sin \omega x)$
	$\alpha\pm\omega i$ 是特征根	$\bar{y}=x\mathrm{e}^{\alpha x}(A\cos \omega x+B\sin \omega x)$

5.3　典型例题

例 1. 　设质量为 m 的质点，只受重力的作用而自由下落，其运动规律记为 $s=s(t)$，运动速度 $v=\dfrac{\mathrm{d}s}{\mathrm{d}t}$，且

$$s\big|_{t=0}=s_0, v\big|_{t=0}=v_0$$

求运动规律 $s=s(t)$.

解： 　由二阶导数的物理意义，知

$$m\,\frac{\mathrm{d}^2 s}{\mathrm{d}t^2}=mg$$

两边同除 m 得

$$\frac{\mathrm{d}^2 s}{\mathrm{d}t^2}=g$$

亦即

$$\frac{\mathrm{d}v}{\mathrm{d}t}=g$$

积分后得

$$v=gt+C_1$$

即

$$\frac{\mathrm{d}s}{\mathrm{d}t}=gt+C_1$$

再积分，得

$$s=\frac{1}{2}gt^2+C_1 t+C_2$$

于是有

$$s=\frac{1}{2}gt^2+v_0 t+s_0$$

此即所求运动方程，若 $v_0=0, s_0=0$，则原式变为 $s=\dfrac{1}{2}gt^2$.

这就是初速为零，并从 S 轴原点处下落的自由落地运动规律.

例 2. 　验证函数 $y=C_1\mathrm{e}^{2x}+C_2\mathrm{e}^{-x}$ 是二阶微分方程 $y''-y'-2y=0$ 的通解.

解： 　求出所给函数的一阶及二阶导数

$$y'=2C_1\mathrm{e}^{2x}-C_2\mathrm{e}^{-x}, y''=4C_1\mathrm{e}^{2x}+C_2\mathrm{e}^{-x}$$

将 $y'=2C_1\mathrm{e}^{2x}-C_2\mathrm{e}^{-x}$ 与 $y''=4C_1\mathrm{e}^{2x}+C_2\mathrm{e}^{-x}$ 代入原方程，得

$$(4C_1\mathrm{e}^{2x}+C_2\mathrm{e}^{-x})-(2C_1\mathrm{e}^{2x}-C_2\mathrm{e}^{-x})-2(C_1\mathrm{e}^{2x}+C_2\mathrm{e}^{-x})=0$$

由此说明函数 $y = C_1 e^x + C_2 e^{-x}$ 是该微分方程的解.

例 3. 求微分方程 $\dfrac{dy}{dx} = e^{2x} y$ 的通解.

解: 方程为可分离变量 $\dfrac{dy}{y} = e^{2x} dx$,两边同时积分

$$\int \frac{dy}{y} = \int e^{2x} dx \ 得 \ \ln |y| = \frac{1}{2} e^{2x} + C_1$$

$$y = e^{\frac{1}{2} e^{2x} + C_1} = e^{\frac{1}{2} e^{2x}} e^{C_1}$$

令 $C = e^{C_1}$,最后可得原方程的解为 $y = C e^{\frac{1}{2} e^{2x}}$.

例 4. 求微分方程 $\dfrac{dy}{dx} = (y^2 + 1) \sin x$ 的通解.

解: 方程为可分离变量 $\dfrac{dy}{y^2 + 1} = \sin x \, dx$,两边同时积分

$$\int \frac{dy}{y^2 + 1} = \int \sin x \, dx$$

$$\arctan y = -\cos x + c$$

例 5. 求微分方程 $xy' - y = 0$ 在 $y|_{x=1} = 2$ 时的特解.

解: 由方程有 $x \dfrac{dy}{dx} = y$,即有 $\dfrac{dy}{y} = \dfrac{dx}{x}$,

对上述方程两边同时积分可得 $\ln y = \ln x + C_1$,变形可得 $\dfrac{y}{x} = C$,则 $y = Cx$.

将初始条件 $y|_{x=1} = 2$ 代入方程 $y = Cx$ 中,解得 $C = 2$,所以原方程的特解为 $y = 2x$.

例 6. 求微分方程 $y' = \dfrac{y}{x} + \tan \dfrac{y}{x}$ 的通解.

解: 此方程为齐次方程,令 $\dfrac{y}{x} = u$,则 $y = xu$,$\dfrac{dy}{dx} = u + x \dfrac{du}{dx}$ 代入原方程,$u + x \dfrac{du}{dx} = u$ $+ \tan u$ 化简可得 $\dfrac{du}{\tan u} = \dfrac{dx}{x}$,即有 $\ln|\sin u| = \ln|x| + C_1$,亦即 $\sin u = cx$,$u = \arcsin Cx$,所以原方程的通解为

$$y = x \arcsin Cx$$

例 7. 求微分方程 $y' = \dfrac{y^2}{xy - 2x^2}$ 的通解.

解: 原微分方程可以变形为 $\dfrac{dx}{dy} = \dfrac{x}{y} - 2\left(\dfrac{x}{y}\right)^2$,令 $\dfrac{x}{y} = u$,则 $\dfrac{dx}{dy} = u + y \dfrac{du}{dy}$ 代入微分方程有 $u + y \dfrac{du}{dy} = u - 2u^2$,化简 $\dfrac{du}{u^2} = -2 \dfrac{dy}{y}$,两边同时积分可得

$$\frac{1}{u} + C_1 = 2\ln|y|$$

亦即 $y^2 = C e^{\frac{1}{u}}$,故原远程的解为 $y^2 = C e^{\frac{y}{x}}$.

例 8. 求微分方程 $\dfrac{dy}{dx} + \dfrac{1}{x^2} y = 0$ 的通解.

解： 原方程为一阶线性齐次微分方程，且 $p(x)=\dfrac{1}{x^2}$，根据通解公式得

$$y=Ce^{-\int p(x)\mathrm{d}x}=Ce^{-\int\frac{1}{x^2}\mathrm{d}x}=Ce^{\frac{1}{x}}$$

例 9. 求微分方程 $y'-3y=x$ 的通解.

解： 原方程为一阶线性非齐次微分方程，且 $p(x)=-3,f(x)=x$，根据通解公式得

$$y=e^{-\int p(x)\mathrm{d}x}\left[\int f(x)e^{\int p(x)\mathrm{d}x}\mathrm{d}x+C\right]=e^{\int 3\mathrm{d}x}\left[\int x e^{\int(-3)\mathrm{d}x}\mathrm{d}x+C\right]$$

$$y=e^{3x}\left(\int x e^{-3x}\mathrm{d}x+C\right)=e^{3x}\left[-\frac{1}{3}\left(x e^{-3x}-\int e^{-3x}\mathrm{d}x\right)+C\right]$$

$$y=-\frac{1}{3}x-\frac{1}{9}+Ce^{3x}$$

例 10. 求微分方程 $y'+\dfrac{1}{x}y=\dfrac{\sin x}{x}$ 的通解.

解： 原方程为一阶线性非齐次微分方程，且 $p(x)=\dfrac{1}{x},f(x)=\dfrac{\sin x}{x}$，根据通解公式得

$$y=e^{-\int p(x)\mathrm{d}x}\left[\int f(x)e^{\int p(x)\mathrm{d}x}\mathrm{d}x+C\right]=e^{-\int\frac{1}{x}\mathrm{d}x}\left[\int\frac{\sin x}{x}e^{\int\frac{1}{x}\mathrm{d}x}\mathrm{d}x+C\right]$$

$$=e^{-\ln|x|}\left[\int\frac{\sin x}{x}e^{\ln|x|}\mathrm{d}x+C\right]$$

$$=\frac{1}{x}\left[\int\sin x\mathrm{d}x+C\right]=-\frac{1}{x}\cos x+\frac{C}{x}$$

例 11. 求微分方程 $y'+\dfrac{1}{x}y=\dfrac{2}{x^3}$ 满足 $y(1)=2$ 时的特解.

解： 原方程为一阶线性非齐次微分方程，且 $p(x)=\dfrac{1}{x},f(x)=\dfrac{2}{x^3}$，根据通解公式得

$$y=e^{-\int p(x)\mathrm{d}x}\left[\int f(x)e^{\int p(x)\mathrm{d}x}\mathrm{d}x+C\right]=e^{-\int\frac{1}{x}\mathrm{d}x}\left[\int\frac{2}{x^3}e^{\int\frac{1}{x}\mathrm{d}x}\mathrm{d}x+C\right]$$

$$=\frac{1}{x}\left[\int\frac{2}{x^3}e^{\ln|x|}\mathrm{d}x+C\right]$$

$$=\frac{1}{x}\left[\int\frac{2}{x^2}\mathrm{d}x+C\right]=-\frac{2}{x^2}+\frac{C}{x}$$

又因为 $y(1)=2$ 代入可得 $C=4$，即特解为

$$y=-\frac{2}{x^2}+\frac{4}{x}$$

例 12. 求微分方程 $y''=e^{3x}$ 的通解.

解： 将方程两边同时对 x 积分，$y'=\int y''\mathrm{d}x=\int e^{3x}\mathrm{d}x=\frac{1}{3}e^{3x}+C_1$

对上述方程两边同时再对 x 积分，$y=\int y'\mathrm{d}x=\int(\frac{1}{3}e^{3x}+C_1)\mathrm{d}x$ 得

$$y=\frac{1}{9}e^{3x}+C_1 x+C_2$$

例 13. 求微分方程 $y'' - \dfrac{2}{x}y' = x^2$ 的通解.

解： 令 $y' = p$，则 $y'' = p'$，原方程化为一阶线性非齐次方程 $p' - 2p = x^2$，利用公式代入即得

$$p = e^{\int \frac{2}{x} dx}\left(\int x^2 e^{-\int \frac{2}{x} dx} dx + C_1\right) = e^{\ln x^2}\left(\int x^2 e^{-\int \frac{2}{x} dx} dx + C_1\right)，即 \ p = x^2(x + C_1)，$$

又 $y' = x^3 + C_1 x^2$，两边同时积分得

$$y = \int (x^3 + C_1 x^2) dx = \frac{1}{4}x^4 + \frac{1}{3}C_1 x^3 + C_2$$

例 14. 求微分方程 $y'' + 6y' + 5y = 0$ 的通解.

解： 该方程为二阶常系数线性齐次微分方程，其特征方程为 $r^2 + 6r + 5 = 0$，特征根为 $r_1 = -1, r_2 = -5$，则原方程的通解为

$$y = C_1 e^{-x} + C_2 e^{-5x}$$

例 15. 求微分方程 $y'' + y' = 0$ 的通解.

解： 该方程为二阶常系数线性齐次微分方程，其特征方程为 $r^2 + r = 0$，特征根为 $r_1 = 0, r_2 = -1$，则原方程的通解为

$$y = C_1 + C_2 e^{-x}$$

例 16. 求微分方程 $y'' + 2y = 0$ 的通解.

解： 该方程为二阶常系数线性齐次微分方程，其特征方程为 $r^2 + 2 = 0$，特征根为 $r_1 = -\sqrt{2}\,i, r_2 = \sqrt{2}\,i$，则原方程的通解为

$$y = C_1 \cos\sqrt{2}\,x + C_2 \sin\sqrt{2}\,x$$

例 17. 求微分方程 $y'' + 4y' - 5y = 0, y|_{x=0} = 0, y'|_{x=0} = 3$ 的特解.

解： 该方程为二阶常系数线性齐次微分方程，其特征方程为 $r^2 + 4r - 5 = 0$，特征根为 $r_1 = -5, r_2 = 1$，则原方程的通解为

$$y = C_1 e^{-5x} + C_2 e^x$$
$$y|_{x=0} = (C_1 e^{-5x} + C_2 e^x)|_{x=0} = C_1 + C_2 = 0$$
$$y'|_{x=0} = (-5C_1 e^{-5x} + C_2 e^x)|_{x=0} = -5C_1 + C_2 = 3$$

解得：
$$C_1 = -\frac{1}{2}, C_2 = \frac{1}{2}$$

由此则特解为
$$y = -\frac{1}{2}e^{-5x} + \frac{1}{2}e^x$$

例 18. 求微分方程 $4y'' + 4y' + y = 0, y|_{x=0} = 2, y'|_{x=0} = 1$ 的特解.

解： 该方程为二阶常系数线性齐次微分方程，其特征方程为 $4r^2 + 4r + 1 = 0$，特征根为 $r = -\dfrac{1}{2}$（二重），则原方程的通解为 $y = C_1 + C_2 x e^{-\frac{1}{2}x}$

$$y|_{x=0} = (C_1 + C_2 x e^{-\frac{1}{2}x})|_{x=0} = C_1 = 2$$
$$y'|_{x=0} = (C_2 e^{-\frac{1}{2}x} - \frac{1}{2}C_2 x e^{-\frac{1}{2}x})|_{x=0} = C_2 = 1$$

由此则特解为：$y = 2 + x e^{-\frac{1}{2}x}$

例 19.　求微分方程 $y''+4y'+3y=3x^2+2x$ 的特解.

解:　该方程为二阶常系数线性非齐次微分方程,其特征方程为 $r^2+4r+3=0$,特征根为 $r_1=-1,r_2=-3$,又因为 $\lambda=0$ 不是特征方程的特征根,设其特解为 $\bar{y}=Ax^2+Bx+C$,则 $\bar{y}'=2Ax+B,\bar{y}''=2A$,代入方程有

$$2A+4(2Ax+B)+3(Ax^2+Bx+C)=3x^2+2x$$

即
$$\begin{cases} 3A=3 \\ 8A+3B=2 \\ 2A+4B+3C=0 \end{cases}$$

解得
$$A=1,B=-2,C=2$$

所以所求原方程的一个特解为 $\bar{y}=x^2-2x+2$

例 20.　求微分方程 $y''-5y'+4y=2xe^x$ 的特解.

解:　该方程为二阶常系数线性非齐次微分方程,其特征方程为 $r^2-5r+4=0$,特征根为 $r_1=1,r_2=4$,又因为 $\lambda=1$ 是特征方程的单根,设其特解为 $\bar{y}=x(Ax+B)e^x$,则 $\bar{y}'=(Ax^2+Bx)e^x+(2Ax+B)e^x$,

$\bar{y}''=2Ae^x+2(Ax+B)e^x+(Ax^2+Bx)e^x$,代入方程有

$$\begin{cases} 4A-10A=2 \\ 2A+2B-5B=0 \end{cases}$$

解得
$$A=-\frac{1}{3},B=-\frac{2}{9}$$

所以,所求原方程的一个特解为 $\bar{y}=x\left(-\frac{1}{3}x-\frac{2}{9}\right)e^x$

例 21.　求微分方程 $y''-y'-2y=2\cos x$ 的特解.

解:　该方程为二阶常系数线性非齐次微分方程,其特征方程为 $r^2-r-2=0$,特征根为 $r_1=2,r_2=-1$,又因为 $\lambda=0$,所以设其特解为 $\bar{y}=A\sin x+B\cos x$,则 $\bar{y}'=A\cos x-B\sin x$,

$\bar{y}''=-A\sin x-B\cos x$,代入方程有

$$\begin{cases} -3A+B=0 \\ -3B-A=2 \end{cases}$$

解得 $A=-\dfrac{1}{5},B=-\dfrac{3}{5}$

所以,所求原方程的一个特解为 $y=-\dfrac{1}{5}\sin x-\dfrac{3}{5}\cos x$

例 22.　求微分方程 $y''-y'-6y=xe^x$ 在满足条件 $y|_{x=0}=0,y'|_{x=0}=0$ 下的特解.

解:　该方程为二阶常系数线性非齐次微分方程,其特征方程为 $r^2-r-6=0$,特征根为 $r_1=3,r_2=-2$,则其齐次的通解为 $y^*=C_1e^{3x}+C_2e^{-2x}$. 又因为 $\lambda=1$,所以设其特解为 $\bar{y}=(Ax+B)e^x$,则 $\bar{y}'=(Ax+B)e^x+Ae^x$, $\bar{y}''=(Ax+B)e^x+2Ae^x$,代入方程有

$$\begin{cases} -6A=1 \\ A-6B=0 \end{cases}$$

解得
$$A=-\frac{1}{6},\ B=-\frac{1}{36}$$

所以，非齐次通解为 $y=C_1\mathrm{e}^{3x}+C_2\mathrm{e}^{-2x}+\left(-\frac{1}{6}x-\frac{1}{36}\right)\mathrm{e}^x$

又因为 $y\big|_{x=0}=C_1+C_2-\frac{1}{36}=0,\ y'\big|_{x=0}=3C_1-2C_2-\frac{1}{6}-\frac{1}{36}=0$

解得
$$C_1=\frac{1}{20},\ C_2=-\frac{1}{45}$$

所以，其特解为
$$y=\frac{1}{20}\mathrm{e}^{3x}-\frac{1}{45}\mathrm{e}^{-2x}+\left(-\frac{1}{6}x-\frac{1}{36}\right)\mathrm{e}^x$$

5.4 基础练习

1. 求下列微分方程的解.

(1) $x^2\mathrm{d}y+y\mathrm{d}x=0$；

(2) $\mathrm{e}^{-x}\mathrm{d}y+\frac{1}{y}\mathrm{d}x=0$；

(3) $\frac{\mathrm{d}y}{\mathrm{d}x}=\mathrm{e}^{3x}$；

(4) $\frac{\mathrm{d}y}{\mathrm{d}x}=\sin x+x^2$.

2. 求下列微分方程的解.

(1) $x\frac{\mathrm{d}y}{\mathrm{d}x}=y+x^2$；

(2) $\frac{\mathrm{d}y}{\mathrm{d}x}+\frac{1}{x}y=2$；

(3) $y'+y\sin x=\sin x$；

(4) $y'+\frac{1}{x}y=\mathrm{e}^x$.

3. 求下列微分方程的解.

(1) $\frac{\mathrm{d}^2y}{\mathrm{d}x^2}=\sin x$；

(2) $\frac{\mathrm{d}^2y}{\mathrm{d}x^2}+\frac{\mathrm{d}y}{\mathrm{d}x}=x$；

(3) $\frac{\mathrm{d}^2y}{\mathrm{d}x^2}=\mathrm{e}^x+x$；

(4) $yy''-(y')^2-y'=0$.

4. 求下列微分方程的解.

(1) $y''+6y'-7y=0$；

(2) $y''-4y=0$；

(3) $y''+4y'+5y=0$；

(4) $y''+4y=0$.

5. 求下列微分方程的解.

(1) $y''+2y'-3y=x\mathrm{e}^{-x}$.

(2) $y''-4y=\mathrm{e}^{2x}$；

(3) $y''+4y'+5y=\mathrm{e}^{2x}\sin x$；

(4) $y''+5y'+4y=x^2$.

6. 求下列微分方程满足初始条件的特解.

(1) $y''+2y'-3y=0,\ y\big|_{x=0}=0,\ y'\big|_{x=0}=6$；

(2) $y''-4y=0,\ y\big|_{x=0}=0,\ y'\big|_{x=0}=10$.

5.5　同步自测

5.5.1　同步自测 1

1. 选择题.

(1) 微分方程 $xy''' + (y')^2 - y^4 y' = 0$ 的阶数是(　　).

　A. 2　　　　　　　B. 3　　　　　　C. 4　　　　　　　D. 5

(2) 微分方程 $y' = 3y^{\frac{2}{3}}$ 的一个特解是(　　).

　A. $y = x^2 + 1$　　B. $y = (x+2)^3$　　C. $y = (x+C)^2$　　D. $y = C(x+1)^2$

(3) 微分方程 $\dfrac{\mathrm{d}^2 y}{\mathrm{d}x^2} + w^2 y = 0$ 的通解是(　　　　)其中 C、C_1、C_2 均为任意常数.

　A. $y = C\cos wx$　　　　　　　　　B. $y = C\sin wx$

　C. $y = C_1 \cos wx + C_2 \sin wx$　　　　　D. $y = C\cos wx + C\sin wx$

2. 填空题.

(1) 形如_____的方程,称为变量分离方程,这里 $f(x)$、$\varphi(y)$ 分别为 x、y 的连续函数.

(2) 微分方程 $y'' + 3y' - 10y = 0$ 的通解是_____.

(3) 微分方程 $2y'' + 3y' = 3x^2 + 2x$ 的特解应设为_____.

(4) 若 $y = y_1(x)$, $y = y_2(x)$ 是一阶线性非齐次方程的两个不同解,则用这两个解可把其通解表示为_____.

3. 求下列微分方程的通解.

　(1) $y' = y\sin x$；　　　　　　　　(2) $xy' - y\ln y = 0$；

　(3) $y' - 3xy = 3x$；　　　　　　　(4) $y''' = 3x$；

　(5) $y' = \dfrac{2xy}{x^2 + 1}$；　　　　　　　(6) $yy'' - 2y'^2 = 0$.

4. 求下列微分方程的特解.

(1) $(x^2 - 1)y' + 2xy^2 = 0, y\big|_{x=0} = 1$；

(2) $x(1 + y^2)\mathrm{d}x = y(1 + x^2)\mathrm{d}y, y\big|_{x=1} = 1$.

5. 求下列微分方程的通解.

(1) $y'' - y = 0$；

(2) $y'' - 2y' - 3y = 0$；

(3) $2y'' - 3y' - 2y = x\mathrm{e}^{-2x}$.

6. 求下列微分方程的特解.

(1) $y'' - 4y' + 13y = 0, y\big|_{x=0} = 2, y'\big|_{x=0} = 3$；

(2) $y'' - 3y' + 2y = 5, y\big|_{x=0} = 6, y'\big|_{x=0} = 2$.

5.5.2　同步自测 2

1. 选择题.

（1）下列方程中（　　）是常微分方程.

　A. $x^2+y^2=a^2$　　　　　　　　B. $y+\dfrac{\mathrm{d}}{\mathrm{d}x}(\mathrm{e}^{\arctan x})=0$

　C. $\dfrac{\partial^2 a}{\partial x^2}+\dfrac{\partial^2 a}{\partial y^2}=0$　　　　　　D. $y''=x^2+y^2$

（2）微分方程 $\begin{cases} xy'-y=3 \\ y\big|_{x=1}=0 \end{cases}$ 的解是（　　）.

　A. $y=3\left(1-\dfrac{1}{x}\right)$　　　　　　B. $y=3(1-x)$

　C. $y=1-\dfrac{1}{x}$　　　　　　　　D. $y=3(x-1)$

（3）已知函数 $y_1=\mathrm{e}^{x^2+\frac{1}{x^2}}$，$y_2=\mathrm{e}^{x^2-\frac{1}{x^2}}$，$y_3=\mathrm{e}^{\left(x-\frac{1}{x}\right)^2}$ 则_____

　A. 仅 y_1 与 y_2 线性相关　　　　B. 仅 y_2 与 y_3 线性相关

　C. 仅 y_1 与 y_3 线性相关　　　　D. 它们两两线性相关

2. 填空题.

（1）形如 $y'=P(x)y+Q(x)$ （$P(x)$，$Q(x)$ 连续）的方程是_____方程，它的通解为_____.

（2）形如 $y''=2y$ 的方程是_____阶_____（"齐次"还是"非齐次"）_____系数的微分方程，它的特征方程为_____.

（3）微分方程 $y^2\mathrm{d}x+(x+1)\mathrm{d}y=0$，满足初始条件：$x=0$，$y=1$ 的特解_____.

（4）微分方程 $y''+3y'-4y=\mathrm{e}^x\sin x$ 的特解应设为_____.

3. 求下列微分方程的通解.

（1）$\dfrac{\mathrm{d}y}{\mathrm{d}x}=\dfrac{xy}{x^2-y^2}$；　　　　　　（2）$y'=\dfrac{y}{\ln y-2x}$.

（3）$y'+y\cos x=0$；　　　　　　（4）$y''=y'+x$；

（5）$y''=\mathrm{e}^{2x}+\cos x$；　　　　　（6）$y''=-(y')^3$.

4. 求下列微分方程的特解.

（1）$y'-y\tan x=\sec x$，$y(0)=0$；　　（2）$y'+\dfrac{y}{x}=\dfrac{\sin x}{x}$，$y\big|_{x=0}=1$.

5. 求下列微分方程的通解.

（1）$y''+2y'+10y=0$；　　（2）$y''+4y=\cos 2x$；　　（3）$x''+6x'+8x=\mathrm{e}^{-2y}$.

6. 求下列微分方程的特解.

（1）$y''-4y'+3y=0$，$y\big|_{x=0}=6$，$y'\big|_{x=0}=10$；

（2）$y''+25y=0$，$y\big|_{x=0}=2$，$y'\big|_{x=0}=5$.

7. 设可导函数 $\varphi(x)$ 满足方程 $\varphi(x)\cos x+2\displaystyle\int_0^x \varphi(t)\sin t\,\mathrm{d}t=x+1$，求 $\varphi(x)$.

第6章 多元函数微分学

6.1 知识梳理

6.1.1 空间解析几何及向量代数

1. 空间直角坐标系

定义 1 如图 6-1 所示,在空间中任取一点,过点 O 作 3 个互相垂直的数轴 Ox,Oy,Oz(其中,O 为坐标原点,Ox 称为 x 轴,Oy 称为 y 轴,Oz 称为 z 轴),它们有相同的单位长度,向这样的图形称为空间直角坐标系,用 $Oxyz$ 表示.

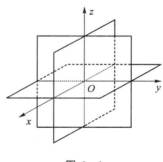

图 6-1

2. 向量的概念

向量既有大小又有方向,向量一般用黑体字母 a,b,c……来表示,或用有向线段的起点与终点的大写字母表示,如 $\overrightarrow{AB}$,向量的大小即向量的模(长度),记作 $|\overrightarrow{AB}|$,如图 6-2 所示.

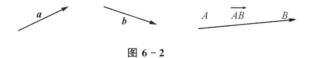

图 6-2

3. 向量的运算

(1)向量加法

两个向量和的运算叫做向量的加法.设 $\overrightarrow{OA}=a$,$\overrightarrow{OB}=b$,则 $a+b=\overrightarrow{AB}+\overrightarrow{BC}=\overrightarrow{AC}$.

(2)向量的减法

① 相反向量.与 a 长度相等、方向相反的向量,叫做 a 的相反向量,记作 $-a$.零向量的相反向量仍是零向量.关于相反向量有以下运算关系.

（Ⅰ）$-(-a)=a$; （Ⅱ）$a+(-a)=(-a)+a=\vec{0}$;

（Ⅲ）若 a、b 是互为相反向量,则 $a=-b$,$b=-a$,$a+b=\vec{0}$.

② 向量减法.向量 a 加上 b 的相反向量叫做 a 与 b 的差,记作:$a-b=a+(-b)$.求两个向量差的运算,叫做向量的减法.

（3）实数与向量的积

定义 2　设向量 a、b 的夹角为 θ,把数量 $|a||b|\cos\theta$ 叫做 a、b 的数量积(或点积),记作 $a\cdot b$,即 $a\cdot b=|a||b|\cos\theta$.

① 实数 λ 与向量 a 的积是一个向量,记作 λa,它的长度与方向规定如下:

（Ⅰ）$|\lambda a|=|\lambda|\cdot|a|$;

（Ⅱ）当 $\lambda>0$ 时,λa 的方向与 a 的方向相同;当 $\lambda<0$ 时,λa 的方向与 a 的方向相反;当 $\lambda=0$ 时,$\lambda a=\vec{0}$,方向是任意的.

② 数乘向量满足交换律、结合律与分配律.实数与向量的积的运算律:设 λ 为实数,则

（Ⅰ）$a\cdot b=b\cdot a$;

（Ⅱ）$a\cdot(b+c)=a\cdot b+a\cdot c$;

（Ⅲ）$\lambda(a\cdot b)=(\lambda a)\cdot b$.

（4）两个向量共线定理

向量 b 与非零向量 a 共线 $\Leftrightarrow$ 有且只有一个实数 λ,使得 $b=\lambda a$.

（5）平面向量的基本定理

如果 e_1,e_2 是一个平面内的两个不共线向量,那么对这一平面内的任一向量 a,有且只有一对实数 λ_1,λ_2 使:$a=\lambda_1 e_1+\lambda_2 e_2$ 其中不共线的向量 e_1,e_2 叫做表示这一平面内所有向量的一组基底.

（6）向量的向量积

定义 3　向量 a 和 b 的向量积(或称叉积)是一个向量,记为 $a\times b$,即 $c=a\times b$.

它满足下列条件:

① $|c|=|a||b|\sin(a,b)(0\leqslant(a,b)\leqslant\pi)$;(即 $a\times b$ 的模等于以 a、b 为邻边的平行四边形的面积).

② $c\perp a,c\perp b$.

③ a、b、c 符合右手法则.

④ 向量积满足以下运算规律:

（Ⅰ）结合律:$(\lambda a)\times b=\lambda(a+b)=a\times(\lambda b)$;

（Ⅱ）分配律:$a\times(b+c)=a\times b+a\times c,(b+c)\times a=b\times a+c\times a$.

4. 平面及其方程

（1）平面的点法式方程

垂直于平面的任何非零向量称为该平面的法向量.记为 $n=(A,B,C)$.

已知平面过点 $M_0(x_0,y_0,z_0)$ 及法向量为 $n=(A,B,C)$,则平面方程为 $A(x-x_0)+B(y-y_0)+C(z-z_0)=0$,由于该平面方程是由平面上一个点的坐标和平面的法向量确定的,因此称之为平面的点法式方程.

（2）平面的一般方程

记 $Ax+By+Cz+D=0$ 为平面的一般方程.

（3）两平面的夹角

设平面 $\pi_1:A_1x+B_1y+C_1z+D_1=0$，其法向量 $\boldsymbol{n}_1=(A_1,B_1,C_1)$；平面 $\pi_2:A_2x+B_2y+C_2z+D_2=0$，其法向量 $\boldsymbol{n}_2=(A_2,B_2,C_2)$；

则两平面的夹角余弦为 $\cos\theta=\dfrac{|A_1A_2+B_1B_2+C_1C_2|}{\sqrt{A_1^2+B_1^2+C_1^2}\sqrt{A_2^2+B_2^2+C_2^2}}$.

5. 空间直线及其方程

（1）直线的点向式方程

已知直线过点 $M_0(x_0,y_0,z_0)$，且其方向向量为 $\boldsymbol{s}=(m,n,p)$，则其直线方程为 $\dfrac{x-x_0}{m}=\dfrac{y-y_0}{n}=\dfrac{z-z_0}{p}$，此方程为点向式方程.

（2）直线的参数方程

已知直线过点 $M_0(x_0,y_0,z_0)$，且其方向向量为 $\boldsymbol{s}=(m,n,p)$，参数为 t，则其参数方程

为 $\begin{cases}x=x_0+mt\\y=y_0+nt\\z=z_0+pt\end{cases}$.

（3）直线的一般方程

如果平面 $\pi_1:A_1x+B_1y+C_1z+D_1=0$，平面 $\pi_2:A_2x+B_2y+C_2z+D_2=0$，则其直线方

程为 $\begin{cases}A_1x+B_1y+C_1z+D_1=0\\A_2x+B_2y+C_2z+D_2=0\end{cases}$.

（4）两直线夹角计算

设直线 $L_1:\dfrac{x-x_1}{m_1}=\dfrac{y-y_1}{n_1}=\dfrac{z-z_1}{p_1}$，其法向量 $\boldsymbol{s}_1=(m_1,n_1,p_1)$；

直线 $L_2:\dfrac{x-x_2}{m_2}=\dfrac{y-y_2}{n_2}=\dfrac{z-z_2}{p_2}$，其法向量 $\boldsymbol{s}_2=(m_2,n_2,p_2)$；

则两直线的夹角余弦为 $\cos\varphi=\dfrac{|m_1m_2+n_1n_2+p_1p_2|}{\sqrt{m_1^2+n_1^2+p_1^2}\sqrt{m_2^2+n_2^2+p_2^2}}$

6. 空间曲面与方程

定义 4　如果曲面 S 上任一点的坐标都满足 $F(x,y,z)=0$，而不在曲面 S 上的点的坐标都不满足方程 $F(x,y,z)=0$，则方程 $F(x,y,z)=0$ 称为称为曲面 S 的方程，曲面 S 称为方程 $F(x,y,z)=0$ 的图形.

6.1.2　多元函数的基本概念

1. 多元函数的概念

定义 1　设在某一个变化过程中，有三个变量 x、y 和 z，D 是平面 Oxy 上的一个点集，如果对于任意的点 $P(x,y)\in D$，变量按照一定法则总有唯一确定的值与之对应，则称变量 z 是变量 x、y 的二元函数，记为

$$z=f(x,y)$$

点集 D 称为该函数的定义域，x、y 称为自变量，z 称为因变量，数集

$$\{z \mid z = f(x,y), (x,y) \in D\}$$

称为该函数的值域.

2. 二元函数的极限

定义 2 设函数在 $z=f(x,y)$ 点 $P_0(x_0,y_0)$ 的 δ 邻域内有定义(点 P_0 可除外),点 $P(x,y)$ 是该邻域内异于 P_0 的任意一点,如果当点 P 以任意方式趋近于点 P_0 时,函数 $f(x,y)$ 无限接近于一个确定的常数 A,则称 A 为函数当 $x \to x_0, y \to y_0$ 时的极限,记为 $\lim\limits_{\substack{x \to x_0 \\ y \to y_0}} f(x,y) = A$ 或 $\lim\limits_{P \to P_0} f(P) = A$,也可记为

$$f(x,y) \to A (x \to x_0, y \to y_0)$$

3. 二元函数的连续性

定义 3 设函数 $z=f(x,y)$ 在点 $P_0(x_0,y_0)$ 的某 δ 邻域内有定义,$P(x,y)$ 是该邻域内任一点,如果

$$\lim\limits_{\substack{x \to x_0 \\ y \to y_0}} f(x,y) = f(x_0,y_0) \text{ 或 } \lim\limits_{P \to P_0} f(P) = f(P_0)$$

则称函数 $z=f(x,y)$ 在点 P_0 处连续,如果 $f(x,y)$ 在区域 D 的每一点连续,那么就称它在区域 D 内连续,二元连续函数的图形是一个没有空隙和裂缝的曲面.

性质 1 (最值存在定理)若函数 $f(x,y)$ 在有界闭区域 D 上连续,则函数 $f(x,y)$ 在 D 上必有最大值和最小值.即在区域 D 上曲面 $z=f(x,y)$ 至少存在一个最高点和最低点.

性质 2 (介值定理)若函数 $f(x,y)$ 在有界闭区域 D 上连续,实数 c 又介于其最小值与最大值之间,则在区域 D 上至少存在一点 (ξ,η),使得 $f(\xi,\eta)=c$.

6.1.3 偏导数

1. 偏导数的概念及其计算

定义 1 设函数 $z=f(x,y)$ 在点 (x_0,y_0) 的某一邻域内有定义,当 y 取固定值 y_0,而 x 在 x_0 处有增量时,相应的函数有增量 $f(x_0+\Delta x, y_0) - f(x_0, y_0)$. 如果

$$\lim\limits_{\Delta x \to 0} \frac{f(x_0+\Delta x, y_0) - f(x_0, y_0)}{\Delta x}$$

存在,则称此极限为函数 $z=f(x,y)$ 在点 x_0 处对 x 的偏导数,记作

$$\frac{\partial z}{\partial x}\bigg|_{\substack{x=x_0 \\ y=y_0}}, \frac{\partial f}{\partial x}\bigg|_{\substack{x=x_0 \\ y=y_0}}, z_x\bigg|_{\substack{x=x_0 \\ y=y_0}} \text{ 或 } f_x(x_0,y_0)$$

即有

$$f_x(x_0,y_0) = \lim\limits_{\Delta x \to 0} \frac{f(x_0+\Delta x, y_0) - f(x_0, y_0)}{\Delta x}$$

类似地,函数 $z=f(x,y)$ 在点 x_0 处对 y 的偏导数定义为

$$\lim\limits_{\Delta y \to 0} \frac{f(x_0, y_0+\Delta y) - f(x_0, y_0)}{\Delta y}$$

记作

$$\frac{\partial z}{\partial y}\bigg|_{\substack{x=x_0 \\ y=y_0}}, \frac{\partial f}{\partial y}\bigg|_{\substack{x=x_0 \\ y=y_0}}, z_y\bigg|_{\substack{x=x_0 \\ y=y_0}} \text{ 或 } f_y(x_0,y_0)$$

如果函数 $z=f(x,y)$ 在区域 D 内每一点 (x,y) 处对 x 的偏导数都存在,则这个偏导数就是 x,y 的函数,称为函数 $z=f(x,y)$ 对自变量 x 的偏导函数,记作

$$\frac{\partial z}{\partial x},\frac{\partial f}{\partial x},z_x \text{ 或 } f_x(x,y)$$

类似地,函数 $z=f(x,y)$ 对自变量 y 的偏导函数记作

$$\frac{\partial z}{\partial y},\frac{\partial f}{\partial y},z_y \text{ 或 } f_y(x,y)$$

偏导函数简称偏导数.

2. 高阶偏导数

定义 2　设函数 $z=f(x,y)$ 在区域 D 内有偏导数 $\frac{\partial z}{\partial x}=f'_x(x,y)$,$\frac{\partial z}{\partial y}=f'_y(x,y)$,一般来说,在 D 内 $f'_x(x,y)$、$f'_y(x,y)$ 都是 x、y 的函数,如果这两个函数的偏导数都存在,则称它们的函数的二阶偏导数,依照对变量的次序不同,有下列 4 个二阶偏导数.

$$\frac{\partial}{\partial x}\left(\frac{\partial z}{\partial x}\right)=\frac{\partial^2 z}{\partial x^2}=f''_{xx}(x,y);\frac{\partial}{\partial y}\left(\frac{\partial z}{\partial y}\right)=\frac{\partial^2 z}{\partial y^2}=f''_{yy}(x,y);$$

$$\frac{\partial}{\partial y}\left(\frac{\partial z}{\partial x}\right)=\frac{\partial^2 z}{\partial x\partial y}=f''_{xy}(x,y);\frac{\partial}{\partial x}\left(\frac{\partial z}{\partial y}\right)=\frac{\partial^2 z}{\partial y\partial x}=f''_{yx}(x,y).$$

同样可得三阶、四阶以及 n 阶偏导数,二阶及二阶以上的偏导数统称为高阶偏导数.

定理　如果函数 $z=f(x,y)$ 的两个二阶混合偏导数 $\frac{\partial^2 z}{\partial x\partial y}$ 及 $\frac{\partial^2 z}{\partial y\partial x}$ 在区域 D 内连续,则在该区域内必有

$$\frac{\partial^2 z}{\partial x\partial y}=\frac{\partial^2 z}{\partial y\partial x}$$

6.1.4　全微分及其应用

1. 全微分的概念

定义 1　设函数 $z=f(x,y)$ 在点 (x,y) 的某邻域内有定义,$(x+\Delta x,y+\Delta y)$ 是该邻域内任意一点,如果函数在点 (x,y) 的全增量

$$\Delta z=f(x+\Delta x,y+\Delta y)-f(x,y)$$

可表示为

$$\Delta z=A\Delta x+B\Delta y+o(\rho)$$

其中 A,B 不依赖于 $\Delta x,\Delta y$ 而仅与 x、y 有关,$\rho=\sqrt{(\Delta x)^2+(\Delta y)^2}$,则称函数 $z=f(x,y)$ 在点 (x,y) 可微分,而 $A\Delta x+B\Delta y$ 称为函数 $z=f(x,y)$ 的全微分,记作 $\mathrm{d}z$,即 $\mathrm{d}z=A\Delta x+B\Delta y$.

2. 全微分与偏导数的关系

定理 1　(可微的必要条件)如果函数 $z=f(x,y)$ 在点 (x,y) 可微分,则函数在该点的偏导数必然存在,且

$$A=\frac{\partial z}{\partial x},B=\frac{\partial z}{\partial y}.$$

定理 2　(可微的充分条件)如果函数 $z=f(x,y)$ 的偏导数 $\frac{\partial z}{\partial x}$,$\frac{\partial z}{\partial y}$ 在点 (x,y) 连续,则

函数在该点可微分.

6.1.5　多元复合函数的求导法则

1. 复合函数微分法

定理 1　设一元函数 $u=\varphi(x)$ 与 $v=\psi(x)$ 在 x 处均可导,二元函数 $z=f(u,v)$ 在 x 的对应点 (u,v) 处有一阶连续偏导数 $\dfrac{\partial z}{\partial u}$、$\dfrac{\partial z}{\partial v}$,则复合函数 $z=f(\varphi(x),\psi(x))$ 对 x 的导数存在,且为

$$\frac{\mathrm{d}z}{\mathrm{d}x}=\frac{\partial z}{\partial u}\cdot\frac{\mathrm{d}u}{\mathrm{d}x}+\frac{\partial z}{\partial v}\cdot\frac{\mathrm{d}v}{\mathrm{d}x}.$$

定理 2　若所设函数 $z=f(u,v)$ 可微,$u=\varphi(x,y)$、$v=\psi(x,y)$ 在点 (x,y) 处有偏导数 $\dfrac{\partial z}{\partial x}$,$\dfrac{\partial u}{\partial y}$,$\dfrac{\partial v}{\partial x}$,$\dfrac{\partial v}{\partial y}$,则复合函数 $z=f(\varphi(x,y),\psi(x,y))$ 在点 (x,y) 处有偏导数 $\dfrac{\partial z}{\partial x}$,$\dfrac{\partial z}{\partial y}$,且

$$\begin{cases}\dfrac{\partial z}{\partial x}=\dfrac{\partial z}{\partial u}\cdot\dfrac{\partial u}{\partial x}+\dfrac{\partial z}{\partial v}\cdot\dfrac{\partial v}{\partial x}\\[2mm]\dfrac{\partial z}{\partial y}=\dfrac{\partial z}{\partial u}\cdot\dfrac{\partial u}{\partial y}+\dfrac{\partial z}{\partial v}\cdot\dfrac{\partial v}{\partial y}\end{cases}.$$

2. 隐函数的微分法

定义　把由方程 $F(x,y,z)=0$ 所确定的函数 $z=f(x,y)$ 称为二元隐函数.

对方程 $F(x,y,f(x,y))=0$,其左端看做 x、y 的一个复合函数,将等式两端分别对 x 和对 y 偏导数,即得

$$\frac{\partial F}{\partial x}+\frac{\partial F}{\partial z}\cdot\frac{\partial z}{\partial x}=0,\frac{\partial F}{\partial y}+\frac{\partial F}{\partial z}\cdot\frac{\partial z}{\partial y}=0.$$

当 $\dfrac{\partial F}{\partial z}\neq 0$ 时,有

$$\frac{\partial z}{\partial x}=-\frac{\dfrac{\partial F}{\partial x}}{\dfrac{\partial F}{\partial z}},\frac{\partial z}{\partial y}=-\frac{\dfrac{\partial F}{\partial y}}{\dfrac{\partial F}{\partial z}}.$$

6.1.6　二元函数的极值与最值

1. 二元函数的极值

定义 1　设函数 $z=f(x,y)$ 在点 (x_0,y_0) 的某个邻域内有定义,若对于该函数内异于 (x_0,y_0) 的任意一点 (x,y),均有 $f(x,y)<f(x_0,y_0)$(或 $f(x,y)>f(x_0,y_0)$),则称 $f(x_0,y_0)$ 为函数 $f(x,y)$ 的极大值(或极小值).

函数的极大值与极小值统称为函数的极值,使函数取得极值的点统称为函数极值点.

定理 1　(必要条件)若函数 $z=f(x,y)$ 在点 (x_0,y_0) 处有极值,而在该点的偏导数存在,则必有

$$f_x(x_0,y_0)=0,f_y(x_0,y_0)=0.$$

定理 2　(充分条件)设函数 $z=f(x,y)$ 在点 (x_0,y_0) 的某邻域内连续,且有一阶、二阶的

连续偏导数，又 $f_x(x_0,y_0)=0, f_y(x_0,y_0)=0$.

令

$$f_{xx}(x_0,y_0)=A, f_{xy}(x_0,y_0)=B, f_{yy}(x_0,y_0)=C.$$

① 当 $AC-B^2>0$ 时，函数 $z=f(x,y)$ 在 (x_0,y_0) 处有极值，且当 $A>0$ 时有极小值 $f(x_0,y_0)$；当 $A<0$ 时有极大值 $f(x_0,y_0)$.

② 当 $AC-B^2<0$ 时，函数 $z=f(x,y)$ 在 (x_0,y_0) 处没有极值.

③ 当 $AC-B^2=0$ 时，函数 $z=f(x,y)$ 在 (x_0,y_0) 处可能有极值，也可能没有极值.

2. 条件极值与拉格朗日乘数法

函数 $z=f(x,y)$ 在条件 $\varphi(x,y)=0$ 下的极值，可先作辅助函数 $F(x,y)=f(x,y)+\lambda\varphi(x,y)$，其中 λ 为待定系数.

对函数 $F(x,y)$，求 x、y 的一阶偏导数，并使之为零，然后与方程 $\varphi(x,y)=0$ 联立起来

$$\begin{cases} F_x(x,y)=f_x(x,y)+\lambda\varphi_x(x,y)=0 \\ F_y(x,y)=f_y(x,y)+\lambda\varphi_y(x,y)=0 \\ \varphi(x,y)=0 \end{cases}$$

由这方程组解出 x、y 及 λ，则 (x,y) 就是函数 $z=f(x,y)$ 在附加条件 $\varphi(x,y)=0$ 下的可能极值点.

6.2　重难点分析

1. 向量加减法

向量的加减法有"三角形法则"与"平行四边形法则"，在用法则时应注意以下问题

① 用平行四边形法则时，两个已知向量是要共始点的，和向量是始点与已知向量的始点重合的那条对角线，而差向量是另一条对角线，方向是从减向量指向被减向量.

② 三角形法则的特点是"首尾相接"，由第一个向量的起点指向最后一个向量的终点的有向线段就表示这些向量的和；差向量是从减向量的终点指向被减向量的终点.

2. 二元函数的连续性与可导性的关系

① 对于一元函数而言可导必然连续，但对于二元函数而言，则该定理不适用. 因为多元函数的连续性是由重极限定义，而多元函数的偏导数是由一元函数的极限定义的. 多元函数的偏导数存在，只能保证点 P 沿平行于坐标轴方向的直线趋近于点 P_0 时，函数 $f(P)$ 趋于 $f(P_0)$，但不能保证点 P 沿任何方向趋近于点 P_0 时，函数 $f(P)$ 都趋向于 $f(P_0)$.

② 对于二元函数而言在某一点连续，仍不能保证函数在该点存在偏导数，与一元函数结论一致.

3. 二元函数连续、可导与可微的关系

如果函数 $z=f(x,y)$ 在点 (x_0,y_0) 处可微，则函数在该点必连续；如果函数 $z=f(x,y)$ 在点 (x_0,y_0) 处可微，则 $z=f(x,y)$ 在该点的两个偏导数 $\dfrac{\partial z}{\partial x}$、$\dfrac{\partial z}{\partial y}$ 都存在，且有 $\mathrm{d}z=\dfrac{\partial z}{\partial x}\Delta x+\dfrac{\partial z}{\partial y}\Delta y$；如果函数 $z=f(x,y)$ 在 (x_0,y_0) 处的偏导数 $\dfrac{\partial z}{\partial x}$、$\dfrac{\partial z}{\partial y}$ 存在且连续，则函数 $z=f(x,y)$ 在该点可微.

4. 利用隐函数求导公式求导时，必须先把方程化为标准形式：$F(x,y,z)=0$，然后将 x、y、z 看做是 $F(x,y,z)=0$ 中三个地位相同、相互独立的自变量，依次求 $\dfrac{\partial F}{\partial x}$、$\dfrac{\partial F}{\partial y}$、$\dfrac{\partial F}{\partial z}$，然后再代入隐函数求导公式进行计算，这一过程中不考虑 x、y、z 变量之间的关系.

5. 条件极值求法

方法一： 采用拉格朗日乘数法，作辅助函 $L(x,y,\lambda)=f(x,y)+\lambda\varphi(x,y)$

由方程组 $\begin{cases} L'_x=f'_x(x,y)+\lambda\varphi'_x(x,y)=0 \\ L'_y=f'_y(x,y)+\lambda\varphi'_y(x,y)=0 \\ \varphi(x,y)=0 \end{cases}$，解出可能极值点 (x_0,y_0)，而后判断是否为所求.

方法二： 化为无条件极值，在方程 $\varphi(x,y)=0$ 下解出 $y=y(x)$，代入目标函数，按无条件极值计算.

6. 二元函数求最大值和最小值的方法

① 求出函数 $f(x,y)$ 在区域 D 内的所有驻点及其函数值.

② 求出函数 $f(x,y)$ 在边界上的最大值和最小值.

③ 比较(1)，(2)两步求出的所有函数值，其中最大的就是函数在区域 D 上的最大值，最小就是函数在区域 D 上的最小值.

6.3 典型例题

例1. 已知 $|\boldsymbol{a}\cdot\boldsymbol{b}|=3$，$|\boldsymbol{a}\times\boldsymbol{b}|=4$，求 $|\boldsymbol{a}|\cdot|\boldsymbol{b}|$.

解：
$$|\boldsymbol{a}\cdot\boldsymbol{b}|=|\boldsymbol{a}|\cdot|\boldsymbol{b}|\cos\theta=3 \qquad ①$$
$$|\boldsymbol{a}\times\boldsymbol{b}|=|\boldsymbol{a}|\cdot|\boldsymbol{b}|\sin\theta=4 \qquad ②$$
$$①^2+②^2 \text{ 得}(|\boldsymbol{a}|\cdot|\boldsymbol{b}|)^2=25$$
所以
$$|\boldsymbol{a}|\cdot|\boldsymbol{b}|=5$$

例2. 已知向量 $\boldsymbol{x}$ 与 $\boldsymbol{a}(1,5,-2)$ 共线，且满足 $\boldsymbol{a}\cdot\boldsymbol{x}=3$，求向量 $\boldsymbol{x}$ 的坐标.

解： 设 $\boldsymbol{x}$ 的坐标为 (x,y,z)，又 $\boldsymbol{a}=(1,5,-2)$

则
$$\boldsymbol{a}\cdot\boldsymbol{x}=x+5y-2z=3 \qquad ①$$

又 $\boldsymbol{x}$ 与 $\boldsymbol{a}$ 共线，则 $\boldsymbol{x}\times\boldsymbol{a}=0$

即
$$\begin{vmatrix} \boldsymbol{i} & \boldsymbol{j} & \boldsymbol{k} \\ x & y & z \\ 1 & 5 & -2 \end{vmatrix}=\begin{vmatrix} y & z \\ 5 & -2 \end{vmatrix}\boldsymbol{i}-\begin{vmatrix} x & y \\ 1 & -2 \end{vmatrix}\boldsymbol{j}+\begin{vmatrix} x & y \\ 1 & 5 \end{vmatrix}\boldsymbol{k}=(-2y-5z)\boldsymbol{i}+(z+2x)\boldsymbol{j}+(5x-y)\boldsymbol{k}=0$$

所以
$$\sqrt{(-2y-5z)^2+(z+2x)^2+(5x-y)^2}=0$$
即
$$29x^2+5y^2+26z^2+20yz+4xz-10xy=0 \qquad ②$$

又 $\boldsymbol{x}$ 与 $\boldsymbol{a}$ 共线，$\boldsymbol{x}$ 与 $\boldsymbol{a}$ 夹角为 0 或 π

$$\cos 0=1=\frac{\boldsymbol{x}\cdot\boldsymbol{a}}{\sqrt{x^2+y^2+z^2}\cdot\sqrt{1^2+5^2+(-2)^2}}=\frac{3}{\sqrt{x^2+y^2+z^2}\cdot\sqrt{30}}$$

整理得
$$x^2+y^2+z^2=\frac{3}{10} \qquad ③$$

联立①、②、③解出向量 $\boldsymbol{x}$ 的坐标为 $\left(\dfrac{1}{10},\dfrac{1}{2},-\dfrac{1}{5}\right)$

例 3.　已知点 $A(2,-4,1)$，$B(0,-2,3)$，$C(-2,0,-3)$，(1)求 $\triangle ABC$ 的面积，(2)求点 A 到 BC 的距离.

解：　(1) 由 $A(2,-4,1)$，$B(0,-2,3)$，$C(-2,0,-3)$ 可得 $\overrightarrow{AB}=(-2,2,2)$，$\overrightarrow{AC}=(-4,4,-4)$

所以

$$\overrightarrow{AB}\times\overrightarrow{AC}=\begin{vmatrix} \boldsymbol{i} & \boldsymbol{j} & \boldsymbol{k} \\ -2 & 2 & 2 \\ -4 & 4 & -4 \end{vmatrix}=-16\boldsymbol{i}-16\boldsymbol{j}+0\boldsymbol{k}$$

因此

$$S_{\triangle ABC}=\frac{1}{2}|\overrightarrow{AB}\times\overrightarrow{AC}|=\frac{1}{2}\sqrt{(-16)^2+(-16)^2}=8\sqrt{2}$$

(2) 设点 A 到底边 BC 的距离为 AD，因为 $\overrightarrow{BC}=(-2,2,-6)$，即

$$|BC|=\sqrt{(-2)^2+2^2+(-6)^2}=\sqrt{44}=2\sqrt{11}$$

又因为 $S_{\triangle ABC}=\frac{1}{2}|\overrightarrow{AB}\times\overrightarrow{AC}|=\frac{1}{2}|AD||BC|$，所以 $|AD|=\dfrac{8\sqrt{2}}{2\sqrt{11}}=\dfrac{4\sqrt{22}}{11}$.

例 4.　求经过点 $A(3,2,1)$ 和 $B(-1,2,-3)$ 且与坐标平面 xOz 垂直的平面的方程.

解：　与 xOy 平面垂直的平面平行于 y 轴，方程为

$$Ax+Cz+D=0 \qquad\qquad ①$$

把点 $A(3,2,1)$ 和点 $B(-1,2,-3)$ 代入①式得

$$3A+C+D=0 \qquad\qquad ②$$
$$-A-3C+D=0 \qquad\qquad ③$$

由②、③得

$$A=-\frac{D}{2},C=\frac{D}{2}$$

将其代入①得

$$-\frac{D}{2}x+\frac{D}{2}z+D=0$$

消去 D 得所求的平面方程为 $\quad x-2-z=0$

例 5.　若点 $A(2,0,-1)$ 在平面 α 上的投影为 $B(-2,5,1)$，求平面 α 的方程.

解：　依题意，设平面的法矢为 $\boldsymbol{n}=(4,-5,2)$

代入平面的点法式方程为

$$4(x+2)-5(y-5)-2(z-1)=0$$

整理得，所求平面方程为 $4x-5y-2z+35=0$

例 6.　已知平面 $\alpha:mx+7y-6z-24=0$ 与平面 $\beta:2x-3my+11z-19=0$ 相互垂直，求 m 的值.

解：　两平面的法向量分别为 $\boldsymbol{n}_1=(m,-1,-6)$，$\boldsymbol{n}_2=(2,-3m,11)$，由 $\boldsymbol{n}_1\perp\boldsymbol{n}_2$，得 $2m-21m-66=0$，则 $m=-\dfrac{66}{19}$.

例 7.　求经过点 $P(1,-2,0)$ 且与直线 $\dfrac{x-1}{1}=\dfrac{y-1}{1}=\dfrac{z-1}{0}$ 和 $\dfrac{x}{1}=\dfrac{y}{-1}=\dfrac{z+1}{0}$ 都平行的平面的方程.

解： 已知两直线的方向矢分别为 $\boldsymbol{v}_1=(1,1,0)$，$\boldsymbol{v}_2=(1,-1,0)$，平面与直线平行，则平面的法矢 $\boldsymbol{a}=(A,B,C)$ 与直线垂直

由 $\boldsymbol{a}\perp\boldsymbol{v}_1$，有 $\qquad\qquad\qquad A+B+0=0$ ①

由 $\boldsymbol{a}\perp\boldsymbol{v}_2$，有 $\qquad\qquad\qquad A-B-0=0$ ②

联立①、②求得 $A=0$，$B=0$，只有 $C\neq 0$

又因为平面经过点 $P(1,-2,0)$，将其代入平面一般方程得

$$0\times 1+0\times(-2)+C\times 0+D=0$$

所以 $\qquad\qquad\qquad\qquad D=0$

故所求平面方程 $Cz=0$，即 $z=0$，也就是 xOy 平面.

例 8. 求通过点 $P(1,0,-2)$，而与平面 $3x-y+2z-1=0$ 平行且与直线 $\dfrac{x-1}{4}=\dfrac{y-3}{-2}=\dfrac{z}{1}$ 相交的直线的方程.

解： 设所求直线的方向矢量为 $\boldsymbol{v}=(m,n,p)$，

直线与平面 $3x+2z-1=0$ 平行，则 $\boldsymbol{v}\perp\boldsymbol{n}$，有

$$3m-n+2p=0 \qquad\qquad ①$$

直线与直线 $\dfrac{x-1}{4}=\dfrac{y-3}{-2}=\dfrac{z}{1}$ 相交，即共面，则有 $\begin{vmatrix} m & n & p \\ 4 & -2 & 1 \\ 1-1 & 3-0 & 0+2 \end{vmatrix}=0$

所以 $\qquad\qquad\qquad -7m-8n+12=0$ ②

联立①，②得

$$\dfrac{m}{\begin{vmatrix} -1 & 2 \\ -8 & 12 \end{vmatrix}}=\dfrac{n}{\begin{vmatrix} 2 & 3 \\ 12 & -7 \end{vmatrix}}=\dfrac{p}{\begin{vmatrix} 3 & -1 \\ -7 & -8 \end{vmatrix}}, \text{即} \quad \dfrac{m}{4}=\dfrac{n}{-50}=\dfrac{p}{-31}$$

取 $m=4$，$n=-50$，$p=-31$，得求作的直线方程为 $\dfrac{x-1}{4}=\dfrac{y}{-50}=\dfrac{z+2}{-31}$

例 9. 求过点 $(-3,25)$ 且与两平面 $x-4z=3$ 和 $3x-y+z=1$ 平行的直线方程.

解： 与两平面平行的直线与这两个平面的交线平行，则直线的方向矢量垂直于这两平面法向量所确定的平面，即直线的方向矢量为

$$\boldsymbol{v}=\boldsymbol{n}_1\times\boldsymbol{n}_2=\begin{vmatrix} \boldsymbol{i} & \boldsymbol{j} & \boldsymbol{k} \\ 1 & 0 & -4 \\ 3 & -1 & 1 \end{vmatrix}=-4\boldsymbol{i}-13\boldsymbol{j}-\boldsymbol{k}$$

将已知点代入直线的标准方程得

$$\dfrac{x+3}{4}=\dfrac{y-2}{13}=\dfrac{z-5}{1}$$

例 10. 求极限 $\lim\limits_{\substack{x\to 0 \\ y\to 0}}\dfrac{2-\cos\sqrt{4xy}}{\sqrt{2-\mathrm{e}^{xy}}-1}$.

解： $\lim\limits_{\substack{x\to 0 \\ y\to 0}}\dfrac{2-\cos\sqrt{4xy}}{\sqrt{2-\mathrm{e}^{xy}}-1}=\lim\limits_{\substack{x\to 0 \\ y\to 0}}\dfrac{2(1-\cos\sqrt{xy})}{\sqrt{1+(1-\mathrm{e}^{xy})}-1}$

$$= \lim_{(x,y)\to(0,0)} \frac{2 \times \dfrac{1}{2}(\sqrt{xy})^2}{\dfrac{1}{2}(1-e^{xy})} = \lim_{(x,y)\to(0,0)} \frac{xy}{-\dfrac{1}{2}xy} = -2$$

例 11.　设 $f(x,y)=\begin{cases} \dfrac{x^3+y^2}{\sqrt{x^2+y^2}}, & (x,y)\neq(0,0) \\ 0, & (x,y)=(0,0) \end{cases}$，证明函数 $f(x,y)$ 在点 $(0,0)$ 连续.

证明： 由题意有 $\displaystyle\lim_{(x,y)\to(0,0)} f(x,y) = \lim_{(x,y)\to(0,0)} \frac{x^3+y^2}{\sqrt{x^2+y^2}}$

$$\underline{\underline{x=\rho\cos\theta,\, y=\rho\sin\theta}}\ \lim_{\rho\to 0} \frac{\rho^2(\rho\cos^3\theta+\sin^2\theta)}{\rho} = 0 = f(0,0)$$

所以 $f(x,y)$ 在点 $(0,0)$ 连续.

例 12.　设 $z=\arctan\sqrt{\dfrac{y}{x}}$，求 $\dfrac{\partial z}{\partial x}$，$\dfrac{\partial z}{\partial y}$，$\mathrm{d}z$.

解： 由函数 $z=\arctan\sqrt{\dfrac{y}{x}}$，则 $z=\arctan u,\ u=\sqrt{v},\ v=\dfrac{y}{x}$

由链式法则得

$$\frac{\partial z}{\partial x} = \frac{\partial z}{\partial u} \cdot \frac{\partial u}{\partial v} \cdot \frac{\partial v}{\partial x} = \frac{1}{1+u^2} \cdot \frac{1}{2\sqrt{v}} \cdot \left(-\frac{y}{x^2}\right)$$

$$= \frac{1}{1+\dfrac{y}{x}} \cdot \frac{1}{2\sqrt{\dfrac{y}{x}}} \cdot \left(-\frac{y}{x^2}\right) = \frac{-\sqrt{xy}}{2(x^2+xy)}$$

$$\frac{\partial z}{\partial y} = \frac{\partial z}{\partial u} \cdot \frac{\partial u}{\partial v} \cdot \frac{\partial v}{\partial y} = \frac{1}{1+u^2} \cdot \frac{1}{2\sqrt{v}} \cdot \frac{1}{x}$$

$$= \frac{1}{1+\dfrac{y}{x}} \cdot \frac{1}{2\sqrt{\dfrac{y}{x}}} \cdot \frac{1}{x} = \frac{\sqrt{x}}{2(x+y)\sqrt{y}}$$

$$\mathrm{d}z = \frac{\partial z}{\partial x}\mathrm{d}x + \frac{\partial z}{\partial y}\mathrm{d}y = \frac{-\sqrt{xy}}{2(x^2+xy)}\mathrm{d}x + \frac{\sqrt{x}}{2(x+y)\sqrt{y}}\mathrm{d}y$$

例 13.　设 $z=f(x^2y^2,x^2+y^2)$，求 $\dfrac{\partial z}{\partial x}$，$\dfrac{\partial z}{\partial y}$，$\mathrm{d}z$.

解： 由函数 $z=f(x^2y^2,x^2+y^2)$，则 $z=f(u,v),\ u=x^2y^2,\ v=x^2+y^2$

由链式法则得

$$\frac{\partial z}{\partial x} = \frac{\partial z}{\partial u} \cdot \frac{\partial u}{\partial x} + \frac{\partial z}{\partial v} \cdot \frac{\partial v}{\partial x} = f_u' \cdot 2xy^2 + f_v' \cdot 2x$$

$$\frac{\partial z}{\partial y} = \frac{\partial z}{\partial u} \cdot \frac{\partial u}{\partial y} + \frac{\partial z}{\partial v} \cdot \frac{\partial v}{\partial y} = f_u' \cdot 2yx^2 + f_v' \cdot 2y$$

$$\mathrm{d}z = \frac{\partial z}{\partial x}\mathrm{d}x + \frac{\partial z}{\partial y}\mathrm{d}y = (f_u' \cdot 2xy^2 + f_v' \cdot 2x)\mathrm{d}x + (f_u' \cdot 2yx^2 + f_v' \cdot 2y)\mathrm{d}y$$

例 14.　已知方程 $e^z + xyz = 0$，且 $z=f(x,y)$，求 $\dfrac{\partial z}{\partial x}$，$\dfrac{\partial z}{\partial y}$，$\mathrm{d}z$.

解： 该方程为隐函数方程，方程两边对 x 求偏导

$$e^z z'_x + yz + xyz'_x = 0, \text{即 } z'_x = -\frac{yz}{e^z + xy}$$

同理,方程两边对 y 求偏导

$$e^z z'_y + xz + xyz'_y = 0, \text{即 } z'_y = -\frac{xz}{e^z + xy}$$

$$dz = \frac{\partial z}{\partial x}dx + \frac{\partial z}{\partial y}dy = -\frac{yz}{e^z + xy}dx - \frac{xz}{e^z + xy}dy$$

例 15. 设 $z = e^{xy}$,求 $\frac{\partial^2 z}{\partial x^2}, \frac{\partial^2 z}{\partial y^2}, \frac{\partial^2 z}{\partial x \partial y}$.

解: 设 $u = xy$,则函数 $z = e^{xy}$ 变为 $z = e^u$

则

$$\frac{\partial z}{\partial x} = \frac{\partial z}{\partial u} \cdot \frac{\partial u}{\partial x} = e^u \cdot y = y e^{xy}, \quad \frac{\partial z}{\partial y} = \frac{\partial z}{\partial u} \cdot \frac{\partial u}{\partial y} = e^u \cdot x = x e^{xy}$$

$$\frac{\partial^2 z}{\partial x^2} = \frac{\partial\left(\frac{\partial z}{\partial x}\right)}{\partial x} = \frac{\partial y e^{xy}}{\partial x} = y^2 e^{xy}, \quad \frac{\partial^2 z}{\partial y^2} = \frac{\partial\left(\frac{\partial z}{\partial y}\right)}{\partial y} = \frac{\partial x e^{xy}}{\partial y} = x^2 e^{xy}$$

$$\frac{\partial^2 z}{\partial x \partial y} = \frac{\partial\left(\frac{\partial z}{\partial x}\right)}{\partial y} = \frac{\partial y e^{xy}}{\partial y} = e^{xy} + xy e^{xy}$$

例 16. 设 $z = x^2 f\left(y^2, \frac{1}{x}\right)$,其中 f 具有二阶连续偏导数,求 $\frac{\partial^2 z}{\partial x^2}, \frac{\partial^2 z}{\partial y^2}, \frac{\partial^2 z}{\partial x \partial y}$.

解: 由题意有 $\frac{\partial z}{\partial x} = 2xf\left(y^2, \frac{1}{x}\right) + x^2 f'_v\left(y^2, \frac{1}{x}\right)\left(-\frac{1}{x^2}\right) = 2xf - f'_v$

$$\frac{\partial z}{\partial y} = x^2 f'_u\left(y^2, \frac{1}{x}\right)2y = 2yx^2 f'_u$$

$$\frac{\partial^2 z}{\partial x^2} = \frac{\partial\left(\frac{\partial z}{\partial x}\right)}{\partial x} = 2f - \frac{2}{x}f'_v + \frac{1}{x^2}f''_{vv}$$

$$\frac{\partial^2 z}{\partial y^2} = \frac{\partial\left(\frac{\partial z}{\partial y}\right)}{\partial y} = 2x^2 f'_u + 4y^2 x^2 f''_{uu}$$

$$\frac{\partial^2 z}{\partial x \partial y} = \frac{\partial\left(\frac{\partial z}{\partial x}\right)}{\partial y} = 4xy f'_u - 2yf''_{vu}$$

例 17. 求曲线 $x = \frac{1}{1-t}, y = t^2, z = t$ 对应 $t = -1$ 点处的切线和法平面方程.

解: 由题意知 $t = -1$ 时的点为 $\left(\frac{1}{2}, 1, -1\right)$,且切线的方向向量 $l = \left[\frac{1}{(1-t)^2}, 2t, 1\right]\Big|_{t=1} = \left(\frac{1}{4}, -2, 1\right)$

所以,切线方程为

$$\frac{x - \frac{1}{2}}{\frac{1}{4}} = \frac{y-1}{-2} = \frac{z+1}{1}$$

法平面方程为 $\frac{1}{4}\left(x-\frac{1}{2}\right)-2(y-1)+(z+1)=0 \Rightarrow 2x-16y+8z+23=0$

例 18. 求函数 $f(x,y)=e^{x-y}(x^2-2y^2)$ 的极值.

解： 由题意有 $\begin{cases} f'_x=e^{x-y}(x^2-2y^2)+2xe^{x-y}=0 \\ f'_y=-e^{x-y}(x^2-2y^2)-4ye^{x-y}=0 \end{cases}$

得两个驻点为 $(0,0),(-4,-2)$.

$f(x,y)$ 的二阶偏导数为

$f''_{xx}(x,y)=e^{x-y}(x^2-2y^2+4x+2),f''_{xy}(x,y)=e^{x-y}(2y^2-x^2-2x-4y)$,

$f''_{yy}(x,y)=e^{x-y}(x^2-2y^2+8y-4)$,

所以在驻点 $(0,0)$ 处，有 $A=2,B=0,C=-4,AC-B^2=-8<0$，由极值的充分条件知 $(0,0)$ 不是极值点，$f(0,0)=0$ 不是函数的极值；

在驻点 $(-4,-2)$ 处，有 $A=-6e^{-2},B=8e^{-2},C=-12e^{-2},AC-B^2=8e^{-4}>0$，而 $A<0$，由极值的充分条件知 $(-4,-2)$ 为极大值点，$f(-4,-2)=8e^{-2}$ 是函数的极大值.

例 19. 铁皮制作有盖长方体水箱，且其长、宽、高分别为 x,y,z. 若体积 $V=8$ 时，怎样用料最省？

解： 用料最省即表面积最小（且 $xyz=8$）

$$S=2(xy+yz+zx)=2\left(xy+\frac{8}{x}+\frac{8}{y}\right),\text{ 其中 } x,y>0$$

令 $\begin{cases} S'_x=2\left(y-\frac{8}{x^2}\right)=0 \\ S'_y=2\left(x-\frac{8}{y^2}\right)=0 \end{cases} \Rightarrow \begin{cases} x=2 \\ y=2 \end{cases}$ 同时 $z=\frac{8}{xy}=2$

据实际情况可知，长、宽、高均为 2 时，用料最省.

例 20. 工厂生产 A,B 两种型号的产品，A 型产品的售价为 1000 元/件，B 型产品的售价为 900 元/件，生产 A 型产品 x 件和 B 型产品 y 件的总成本为 $C(x,y)=40000+200x+300y+3x^2+xy+3y^2$ 元，求 A,B 两种产品各生产多少件时，利润最大？

解： 设 $L(x,y)$ 为生产 A 型产品 x 件和 B 型产品 y 件时的总利润，则

$$L(x,y)=R(x,y)-C(x,y)=-3x^2-xy-3y^2+800x+600y-40000$$

由 $\begin{cases} L_x(x,y)=-6x-y+800=0 \\ L_y(x,y)=-x-6y+600=0 \end{cases}$

得 $\begin{cases} x=120 \\ y=80 \end{cases}$

又有 $A=L_{xx}(120,80)=-6<0,B=L_{xy}(120,80)=-1$,

$$C=L_{yy}(120,80)=-6$$

则 $$AC-B^2=35>0$$

故函数 $L(x,y)$ 在点 $(120,80)$ 取得最大值，且 $L_{max}(x,y)=L(120,80)=32000$ 元.

6.4 基础练习

1. 空间解析几何

(1) 已知向量 $\boldsymbol{a}=(1,-3,0)$，$\boldsymbol{b}=(m,-1,3)$，且 $\boldsymbol{a}\perp\boldsymbol{b}$，求 m 的值.

(2) 已知向量 $\boldsymbol{a}=(-1,0,1)$，$\boldsymbol{b}=(1,-1,0)$，求两向量夹角的余弦.

(3) 求平面 $2x+y-z+3=0$ 和平面 xOz 的夹角.

(4) 已知平面的法向量 $\boldsymbol{n}(-1,2,3)$，且平面过点 $(-1,0,3)$，求平面的一般方程.

(5) 已知空间直线方程 $\dfrac{x+1}{2}=\dfrac{y+3}{-1}=z$，$\dfrac{x-2}{1}=\dfrac{y+1}{0}=\dfrac{z-1}{3}$，求直线夹角.

2. 求下列函数定义域.

(1) $z=\ln(2x+y)+\arcsin 3x$；   (2) $z=\dfrac{1}{\sqrt{x+y}}+\lg(x^2+2y)$.

3. 求下列函数的偏导数、全微分.

(1) $z=x^2y-xy$；   (2) $z=x\,\mathrm{e}^{x^2y}$；

(3) $\mathrm{e}^z-xy-z^2=0$；   (4) $\sin(xy)-xz=0$；

(5) $z=f(xy,x^2+y^2)$；   (6) $z=f(\mathrm{e}^x,x^2y)$.

4. 求下列函数的二阶偏导数.

(1) $z=x\sin(x^2y)$；   (2) $z=x^2\mathrm{e}^{xy}$.

5. 求函数 $z=-x^2-y^2+2y+3x$ 的极值.

6.5 同步自测

6.5.1 同步自测1

1. 选择题.

(1) 已知平行四边形 $ABCD$，O 是平行四边形 $ABCD$ 所在平面内任意一点，$\overrightarrow{OA}=\boldsymbol{a}$，$\overrightarrow{OB}=\boldsymbol{b}$，$\overrightarrow{OC}=\boldsymbol{c}$，则向量 $\overrightarrow{OD}$ 等于(　　　).

　　A. $\boldsymbol{a}+\boldsymbol{b}+\boldsymbol{c}$　　B. $\boldsymbol{a}+\boldsymbol{b}-\boldsymbol{c}$　　C. $\boldsymbol{a}-\boldsymbol{b}+\boldsymbol{c}$　　D. $\boldsymbol{a}-\boldsymbol{b}-\boldsymbol{c}$

(2) 已知空间三点 $M(1,1,1)$、$A(2,2,1)$ 和 $B(2,1,2)$，则 $\angle AMB=$(　　　).

　　A. π　　　　B. $\dfrac{\pi}{2}$　　　　C. $\dfrac{\pi}{3}$　　　　D. $\dfrac{\pi}{4}$

(3) 极限 $\lim\limits_{\substack{x\to 0\\y\to 1}}\dfrac{\ln(y+\mathrm{e}^{x^2})}{\sqrt{x^2+y^2}}=$(　　　).

　　A. -2　　　　B. 2　　　　C. $-\ln 2$　　　　D. $\ln 2$

(4) 设 $z=\arctan\dfrac{y}{x}$，则 $\left.\dfrac{\partial z}{\partial x}\right|_{\substack{x=1\\x=-1}}=$(　　　).

　　A. $\dfrac{1}{2}$　　　　B. $-\dfrac{1}{2}$　　　　C. 1　　　　D. -1

(5) 函数 $z=f(x,y)$ 在点 (x_0,y_0) 处具有偏导数是它在该点存在全微分的(　　　).

　　A. 必要而非充分条件；　　　　B. 充分而非必要条件；

C. 充分必要条件；   D. 既非充分又非必要条件

(6) 二元函数 $z=3(x+y)-x^3-y^3$ 的极值点是（   ）.

A.（1,2）   B.（1,-2）   C.（-1,2）   D.（-1,-1）

2. 填空题.

(1) 已知点 $A(3,8,7)$，$B(-1,2,-3)$，则向量 $|\overrightarrow{AB}|=$ _____ .

(2) 已知直线 $\dfrac{x-1}{1}=\dfrac{y-1}{1}=\dfrac{z-1}{0}$ 和 $\dfrac{x}{1}=\dfrac{y}{0}=\dfrac{z+1}{-1}$，则两条直线的夹角为 _____ .

(3) 极限 $\lim\limits_{\substack{x\to 0 \\ y\to \frac{\pi}{4}}}\dfrac{\sin(xy)}{x}=$ _____ .

(4) 设 $z=\sin(x-y)+y$，则 $\dfrac{\partial z}{\partial x}\Big|_{\substack{x=2 \\ x=1}}=$ _____ .

(5) 设 $\mathrm{e}^z-z+xy=0$，则 $\mathrm{d}z=$ _____ .

(6) 函数 $z=2x^2-3x^2-4x-6y-1$ 的驻点是 _____ .

3. 求过点 $(3,0,-1)$ 且与平面 $3x-7y+5z-12=0$ 平行的平面方程.

4. 求下列函数的极限

(1) $\lim\limits_{\substack{x\to 0 \\ y\to 0}}\dfrac{2-\sqrt{xy+4}}{xy}$ (2) $\lim\limits_{\substack{x\to 0 \\ y\to 0}}\dfrac{xy\mathrm{e}^x}{4-\sqrt{16+xy}}$

5. 设 $z=x^y\ln(xy)$，求 $\dfrac{\partial z}{\partial x}$，$\dfrac{\partial z}{\partial y}$，$\mathrm{d}z$.

6. 已知方程 $xyz=xy+yz+xz$ 所确定，且 $z=f(x,y)$，求 $\dfrac{\partial^2 z}{\partial x^2}$，$\dfrac{\partial^2 z}{\partial y^2}$，$\dfrac{\partial^2 z}{\partial x\partial y}$.

7. 求由方程 $x^2+y^2+z^2-2x+2y-4z-10=0$ 确定的函数 $z=f(x,y)$ 的极值.

8. 已知某工厂生产某产品数量 L（吨）与所用两种原料 A、B 的数量 x、y（吨）间的关系式 $L(x,y)=x^2y$，现公司拟准备用 300 万元采购原料，已知 A、B 原料每吨单价分别为 2 万元和 1 万元，问怎样购进两种原料，才能使生产的数量最多？

6.5.2 同步自测 2

1. 选择题.

(1) 已知空间三角形 ABC，顶点 $A(0,-1,3)$，$B(3,0,2)$，$C(5,3,1)$，则 $S_{\triangle ABC}=$（   ）.

A. 3   B. $\dfrac{4\sqrt{6}}{3}$ C. $\dfrac{2\sqrt{6}}{3}$ D. $\dfrac{2}{3}$

(2) 已知平面方程过点 $A(1,0,1)$，$B(2,-1,1)$，且平行于 z 轴，则该平面方程为（   ）.

A. $x+y-1=0$ B. $x+y+1=0$
C. $2x+3y-5=0$ D. $x-y+1=0$

(3) 已知直线 $\begin{cases} x+y+3z=0 \\ x-y-z=0 \end{cases}$ 与平面 $x-y-z+1=0$，则其夹角为（   ）.

A. π B. $\dfrac{\pi}{4}$ C. $\dfrac{\pi}{3}$ D. 0

(4) 设 $z=\ln(x^2+y^2)$，则 $\dfrac{\partial z}{\partial y}=$（   ）.

A. $\dfrac{1}{x^2+y^2}$ B. $\dfrac{2y}{x^2+y^2}$ C. $\dfrac{2}{x+y}$ D. $\dfrac{2x+2y}{x^2+y^2}$

（5）下列说法正确的是（   ）.

    A. $z=f(x,y)$ 在点 (x_0,y_0) 的偏导数存在则必然可微；

    B. $z=f(x,y)$ 在点 (x_0,y_0) 的偏导数存在则必然连续；

    C. (x_0,y_0) 是函数 $z=f(x,y)$ 的驻点，则必然是极值点；

    D. 以上说法均不正确.

（6）设函数 $z=f(x,y)$ 具有二阶连续偏导数，在 $P_0(x_0,y_0)$ 处，有 $f_x(P_0)=0$，$f_y(P_0)=0$，$f_{xx}(P_0)=f_{yy}(P_0)=0$，$f_{xy}(P_0)=f_{yx}(P_0)=2$，则（   ）.

    A. 点 p_0 是函数 z 的极大值点   B. 点 P_0 非函数 z 的极值点

    C. 点 P_0 是函数 z 的极小值点   D. 条件不够，无法判定

2．填空题.

（1）已知空间两点 $A(5,1,4)$，$B(7,3,1)$，与向量 $\overrightarrow{AB}$ 方向一致的单位向量 $\boldsymbol{a}^0=$ _____.

（2）已知 $\boldsymbol{a}=3\boldsymbol{i}-\boldsymbol{j}-2\boldsymbol{k}$ 与 $\boldsymbol{b}=\boldsymbol{i}+2\boldsymbol{j}-\boldsymbol{k}$，则 $\boldsymbol{a}\times\boldsymbol{b}=$ _____，a、b 夹角的余弦 _____.

（3）函数 $z=\dfrac{1}{\ln(x+y)}+\arccos(x+y)$ 的定义域为 _____.

（4）已知平面 $2x+y-2z+3=0$，则该平面与 Oxy 面夹角的余弦 _____.

（5）已知平面 $\dfrac{x}{1}=\dfrac{y-3}{2}=\dfrac{z-1}{-2}$，则点 $(1,0,1)$ 到该平面的距离为 _____.

（6）设 $z=f(\mathrm{e}^{xy})$，且 $f(u)$ 可导，则 $\dfrac{\partial^2 z}{\partial x\partial y}=$ _____.

3．求直线 $\begin{cases} x+y-z-1=0 \\ x-y+z+1=0 \end{cases}$ 在平面 $x+y+z=0$ 上投影的直线方程.

4．求下列函数的极限.

（1）$\lim\limits_{\substack{x\to 0 \\ y\to 0}}(\sqrt[3]{x}+y)\sin\dfrac{1}{x}\cos\dfrac{1}{y}$；   （2）$\lim\limits_{\substack{x\to\infty \\ y\to a}}\left(1+\dfrac{1}{xy}\right)^{\frac{x^2}{x+y}}$

5．已知方程 $\mathrm{e}^{xy}+\sin z-z=0$ 且 $z=f(x,y)$ 所确定，$\dfrac{\partial z}{\partial x}$，$\dfrac{\partial z}{\partial y}$，$\mathrm{d}z$.

6．设 $z=f(u,v)$，$u=x\mathrm{e}^y$，$v=x^2$，求 $\dfrac{\partial^2 z}{\partial x^2}$，$\dfrac{\partial^2 z}{\partial y^2}$，$\dfrac{\partial^2 z}{\partial x\partial y}$.

7．某公司可通过电台及报纸两种方式做销售某商品的广告.根据统计资料，销售收入 $R(x,y)$（万元）与电台广告费用 x（万元）及报纸广告费用 y（万元）及报纸费用万元之间的关系有如下的经验公式：$R(x,y)=15+14x+32y-8xy-2x^2-10y^2$.

（1）在广告费用不限的情况下，求最优广告策略；

（2）若提供的广告费用为 1.5 万元，求相应的最优广告策略.

8．证明题.

已知 $z=\mathrm{e}^{-\left(\frac{1}{x}+\frac{1}{y}\right)}$，证明：$x^2\dfrac{\partial z}{\partial x}+y^2\dfrac{\partial z}{\partial y}=2z$.

第7章 多元函数积分学

7.1 知识梳理

7.1.1 二重积分的概念与性质

1. 曲顶柱体的体积

定义 1 曲顶柱体是一立体,它的底是 Oxy 面上的有界区域 D,它的侧面是以 D 的边界曲线为准线而母线平行于 z 轴的柱面,它的顶是曲面 $z=f(x,y)$,这里设 $z=f(x,y)\geqslant 0$ 且在 D 上连续,求此曲顶柱体的体积.

2. 二重积分的定义

定义 2 设 $f(x,y)$ 是有界闭区域 D 上的有界函数,将闭区域 D 任意分成 n 个小闭区域 $\Delta\sigma_1,\Delta\sigma_2,\Delta\sigma_3,\cdots,\Delta\sigma_n$,其中 $\Delta\sigma_i$ 表示第 i 个闭区域,也表示它的面积,在每个 $\Delta\sigma_i$ 上任取一点 (ξ_i,η_i),作乘积 $\Delta V_i\approx f(\xi_i,\eta_i)\Delta\sigma_i(i=1,2,3,\cdots,n)$,并作和式 $\sum\limits_{i=1}^{n}f(\xi_i,\eta_i)\Delta\sigma_i$,如果当各小闭区域直径中的最大值 $\lambda\rightarrow 0$ 时,和式的极限存在,则称此极限值为函数 $f(x,y)$ 在闭区域 D 上的二重积分,记做 $\iint\limits_{D}f(x,y)\mathrm{d}\sigma$,即

$$\iint\limits_{D}f(x,y)\mathrm{d}\sigma=\lim_{\lambda\rightarrow 0}\sum_{i=1}^{n}f(\xi_i,\eta_i)\Delta\sigma_i$$

式中:$\iint$ 为二重积分号;$f(x,y)$ 为被积函数;$f(x,y)\mathrm{d}\sigma$ 为被积表达式;$\mathrm{d}\sigma$ 为面积元素;x 和 y 为积分变量;D 为积分区域.

定理 如果 $f(x,y)$ 在有界区域 D 上连续,则函数 $f(x,y)$ 在 D 上一定可积.

3. 二重积分的几何意义和性质

二重积分的几何意义:若 $f(x,y)$ 在区域 D 的若干部分区域上是正的,而在其他部分区域上是负的. 我们可以把 xOy 平面上方的柱体体积取成正,xOy 平面下方的柱体体积取成负;则二重积分 $\iint\limits_{D}f(x,y)\mathrm{d}\sigma$ 等于这些部分区域上曲顶柱体体积的代数和.

性质 1 设 $f(x,y)$ 在闭区域 D 上可积,k 为常数,则

$$\iint\limits_{D}f(x,y)\mathrm{d}\sigma=k\iint\limits_{D}f(x,y)\mathrm{d}\sigma.$$

性质 2 设 $f(x,y)$ 和 $g(x,y)$ 在闭区域 D 上可积,则

$$\iint\limits_{D}[f(x,y)\pm g(x,y)]\mathrm{d}\sigma=\iint\limits_{D}f(x,y)\mathrm{d}\sigma\pm\iint\limits_{D}g(x,y)\mathrm{d}\sigma.$$

性质 3 (区域可加性)设 $f(x,y)$ 在闭区域 D 上可积,若积分区域 D 被一曲线积分分成

D_1 和 D_2 两个区域,则

$$\iint\limits_{D} f(x,y)\mathrm{d}\sigma = \iint\limits_{D_1} f(x,y)\mathrm{d}\sigma \pm \iint\limits_{D_2} f(x,y)\mathrm{d}\sigma.$$

性质 4 (积分的比较性质)若 $f(x,y)$ 和 $g(x,y)$ 在闭区域 D 上可积,且在 D 上恒有 $f(x,y) \geqslant g(x,y)$,则

$$\iint\limits_{D} f(x,y)\mathrm{d}\sigma \geqslant \iint\limits_{D} g(x,y)\mathrm{d}\sigma.$$

性质 5 如果在区域 D 上有 $f(x,y) \equiv 1$,σ 为 D 的面积,则 $\iint\limits_{D} \mathrm{d}\sigma = \sigma$.

性质 6 (积分的估值定理)设 $f(x,y)$ 在闭区域 D 上连续,且 $m \leqslant f(x,y) \leqslant M$,其中 $(x,y) \in D$,而 m,M 为常数,则

$$m\sigma \leqslant \iint\limits_{D} f(x,y)\mathrm{d}\sigma \leqslant M\sigma(\sigma \text{ 为 } D \text{ 的面积}).$$

性质 7 (积分的估值定理)设 $f(x,y)$ 在闭区域 D 上连续,σ 为 D 的面积,则在 D 内至少存在一点 (ξ,η),使得

$$\iint\limits_{D} f(x,y)\mathrm{d}\sigma = f(\xi,\eta) \cdot \sigma.$$

7.1.2 二重积分的计算

1. 在直角坐标系中计算二重积分

① 矩形区域 $D = \{(x,y) \mid a \leqslant x \leqslant b, c \leqslant y \leqslant d\}$,若 $f(x,y)$ 在该矩形区域可积,且对于每一个 $y \in [c,d]$,积分 $\int_a^b f(x,y)\mathrm{d}x$ 存在,则 $\int_c^d \mathrm{d}y \int_a^b f(x,y)\mathrm{d}x$ 也存在,且 $\iint\limits_{D} f(x,y)\mathrm{d}\sigma = \int_c^d \mathrm{d}y \int_a^b f(x,y)\mathrm{d}x$;

② X 型区域 $D = \{(x,y) \mid a \leqslant x \leqslant b, \varphi_1(x) \leqslant y \leqslant \varphi_2(x)\}$,若 $f(x,y)$ 在如图 7−1 所示的 X 型区域 D 上连续,其中 $\varphi_1(x)$、$\varphi_2(x)$ 在 $[a,b]$ 上连续,则 $\iint\limits_{D} f(x,y)\mathrm{d}\sigma = \int_a^b \mathrm{d}x \int_{\varphi_1(x)}^{\varphi_2(x)} f(x,y)\mathrm{d}y$.

③ Y 型区域 $D = \{(x,y) \mid \psi_1(y) \leqslant x \leqslant \psi_2(y), c \leqslant y \leqslant d\}$,若 $f(x,y)$ 在如图 7−2 所示的 Y 型区域 D 上连续,其中 $\psi_1(y)$、$\psi_2(y)$ 在 $[c,d]$ 上连续,则 $\iint\limits_{D} f(x,y)\mathrm{d}\sigma = \int_c^d \mathrm{d}y \int_{\psi_1(x)}^{\psi_2(x)} f(x,y)\mathrm{d}x$.

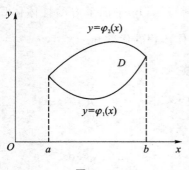

图 7−1

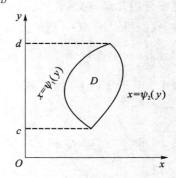

图 7−2

2. 极坐标系计算二重积分

设函数 $f(x,y)$ 连续,在积分区域 D 内二重积分 $\iint\limits_D f(x,y)\mathrm{d}\sigma$ 存在,则可以使用极坐标形式将原二重积分转化为 $\iint\limits_D f(r\cos\theta,r\sin\theta)r\mathrm{d}r\mathrm{d}\theta$ 的形式,即 $\iint\limits_D f(x,y)\mathrm{d}\sigma = \iint\limits_D f(r\cos\theta,$ $r\sin\theta)r\mathrm{d}r\mathrm{d}\theta$. 在极坐标下,二重积分也可转化为二次积分来计算,如果这时区域 D 可表示为 $D = \{(r,\theta)\,|\,\alpha\leqslant\theta\leqslant\beta,r_1(\theta)\leqslant r\leqslant r_2(\theta)\}$,则

$$\iint\limits_D f(r\cos\theta,r\sin\theta)r\mathrm{d}r\mathrm{d}\theta = \int_\alpha^\beta \mathrm{d}\theta \int_{r_1(\theta)}^{r_2(\theta)} f(r\cos\theta,r\sin\theta)r\mathrm{d}r.$$

如果区域 D 可表示为 $D = \{(r,\theta)\,|\,a\leqslant r\leqslant b,\varphi_1(r)\leqslant\theta\leqslant\varphi_2(r)\}$,则

$$\iint\limits_D f(r\cos\theta,r\sin\theta)r\mathrm{d}r\mathrm{d}\theta = \int_a^b r\mathrm{d}r \int_{\varphi_1(r)}^{\varphi_2(r)} f(r\cos\theta,r\sin\theta)\mathrm{d}\theta.$$

7.2　重难点分析

7.2.1　二重积分定义的理解

$$\iint\limits_D f(x,y)\mathrm{d}\sigma = \lim_{\lambda\to 0}\sum_{i=1}^n f(\xi_i,\eta_i)\Delta\sigma_i,如图 7-3 所示.$$

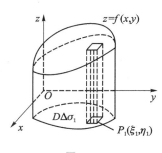

图 7-3

7.2.2　二重积分原则

① 不管是采用直角坐标系还是极坐标系,被积分区域比较复杂时,我们可以对积分区域划分为若干小块进行计算.

② 二重积分次序选择对二重积分的求解尤为重要,特殊情形必须采用特殊方法才可求解.

7.2.3　关于二重积分的对称性

D 关于 x 轴对称(D 关于 y 轴对称类推):

$$\iint\limits_D f(x,y)\mathrm{d}x\mathrm{d}y = \begin{cases} 2\iint\limits_{\frac{1}{2}D} f(x,y)\mathrm{d}x\mathrm{d}y, & f(x,-y)=f(x,y), \\ 0, & f(x,-y)=-f(x,y); \end{cases}$$

D 关于 x 轴, y 轴都对称:

$$\iint_D f(x,y)\mathrm{d}x\mathrm{d}y = \begin{cases} 4\iint\limits_{\frac{1}{4}D} f(x,y)\mathrm{d}x\mathrm{d}y, f(-x,y)=f(x,-y)=f(x,y), \\ 0, f(-x,y)=-f(x,y) \text{ 或 } f(x,-y)=-f(x,y); \end{cases}$$

D 关于原点对称:

$$\iint_D f(x,y)\mathrm{d}x\mathrm{d}y = \begin{cases} 2\iint\limits_{\frac{1}{2}D} f(x,y)\mathrm{d}x\mathrm{d}y, f(-x,-y)=f(x,y), \\ 0, f(-x,-y)=-f(x,y); \end{cases}$$

当 D_1 和 D_2 关于坐标轴对称,对同一被积函数,则

$$\iint_{D_1} f(x,y)\mathrm{d}x\mathrm{d}y = \iint_{D_2} f(x,y)\mathrm{d}x\mathrm{d}y;$$

D 关于 $x=a$ 轴对称:

$$\iint_D (x-a)\mathrm{d}x\mathrm{d}y = 0$$

7.3 典型例题

例 1. 改变下列二次积分的积分次序.

(1) $\displaystyle\int_1^2 \mathrm{d}x \int_0^{\ln x} f(x,y)\mathrm{d}y$;

(2) $\displaystyle\int_1^2 \mathrm{d}x \int_1^{x^2} f(x,y)\mathrm{d}y$;

(3) $\displaystyle\int_0^1 \mathrm{d}y \int_{-\sqrt{1-y^2}}^{\sqrt{1-y^2}} f(x,y)\mathrm{d}x$;

(4) $\displaystyle\int_1^2 \mathrm{d}x \int_{2-x}^{\sqrt{2x-x^2}} f(x,y)\mathrm{d}y$.

解: (1)所给二次积分等于二重积分 $\iint_D f(x,y)\mathrm{d}\sigma$,其中 $D=\{(x,y)\,|\,0\leqslant y\leqslant\ln x, 1\leqslant x\leqslant 2\}$,可改写为 $D=\{(x,y)\,|\,0\leqslant y\leqslant\ln 2, \mathrm{e}^y\leqslant x\leqslant 2\}$,于是 $\displaystyle\int_1^2\mathrm{d}x\int_0^{\ln x}f(x,y)\mathrm{d}y=\int_0^{\ln 2}\mathrm{d}y\int_{\mathrm{e}^y}^2 f(x,y)\mathrm{d}x$.

(2) 所给二次积分等于二重积分 $\iint_D f(x,y)\mathrm{d}\sigma$,其中 $D=\{(x,y)\,|\,1\leqslant y\leqslant x^2, 1\leqslant x\leqslant 2\}$,可改写为 $D=\{(x,y)\,|\,1\leqslant y\leqslant 4, \sqrt{y}\leqslant x\leqslant 2\}$,于是 $\displaystyle\int_1^2\mathrm{d}x\int_1^{x^2}f(x,y)\mathrm{d}y=\int_1^4\mathrm{d}y\int_{\sqrt{y}}^2 f(x,y)\mathrm{d}x$.

(3) 所给二次积分等于二重积分 $\iint_D f(x,y)\mathrm{d}\sigma$,其中 $D=\{(x,y)\,\big|\,-\sqrt{1-y^2}\leqslant x\leqslant\sqrt{1-y^2}, 0\leqslant y\leqslant 2\}$,可改写为 $D=\{(x,y)\,\big|\,0\leqslant y\leqslant\sqrt{1-x^2}, -1\leqslant x\leqslant 1\}$,于是 $\displaystyle\int_0^1\mathrm{d}y\int_{-\sqrt{1-y^2}}^{\sqrt{1-y^2}}f(x,y)\mathrm{d}x=\int_{-1}^1\mathrm{d}x\int_0^{\sqrt{1-x^2}}f(x,y)\mathrm{d}y$.

(4) 所给二次积分等于二重积分 $\iint_D f(x,y)\mathrm{d}\sigma$,其中 $D=\{(x,y)\,\big|\,2-x\leqslant y\leqslant\sqrt{2x-x^2},$
$1\leqslant x\leqslant 2\}$,可改写为 $D=\{(x,y)\,\big|\,2-y\leqslant x\leqslant 1+\sqrt{1-y^2}, 0\leqslant y\leqslant 1\}$,于是 $\displaystyle\int_1^2\mathrm{d}x\int_{2-x}^{\sqrt{2x-x^2}}f(x,$

$$y)\mathrm{d}y = \int_0^1 \mathrm{d}y \int_{2-y}^{1+\sqrt{1-y^2}} f(x,y)\mathrm{d}x.$$

例 2.　计算二重积分 $\iint\limits_D (x^2 - y^2 + 2)\mathrm{d}x\mathrm{d}y, D = \{(x,y) \,\big|\, 1 \leqslant x \leqslant 3, -1 \leqslant y \leqslant 1\}$

解：　积分区域 D 是矩形域,既是 X 型区域又是 Y 型区域.

若按 X 型区域积分,则二重积分化为先对 y 后对 x 的累次积分

$$\iint\limits_D (x^2 - y^2 + 2)\mathrm{d}x\mathrm{d}y = \int_1^3 \mathrm{d}x \int_{-1}^1 (x^2 - y^2 + 2)\mathrm{d}y =$$

$$\int_1^3 \left[x^2 y - \frac{y^3}{3} + 2y \right]_{-1}^1 \mathrm{d}x = \int_1^3 \left(2x^2 + \frac{10}{3} \right) \mathrm{d}x = 24.$$

若按 Y 型区域积分,则二重积分化为先对 x 后对 y 的累次积分

$$\iint\limits_D (x^2 - y^2 + 2)\mathrm{d}x\mathrm{d}y = \int_{-1}^1 \mathrm{d}y \int_1^3 (x^2 - y^2 + 2)\mathrm{d}x =$$

$$\int_{-1}^1 \left[\frac{x^3}{3} - xy^2 + 2x \right]_1^3 \mathrm{d}y = \int_{-1}^1 \left(\frac{38}{3} - 2y^2 \right) \mathrm{d}y = 24.$$

积分的结果是相同的.

例 3.　计算二重积分 $\iint\limits_D \mathrm{e}^{-y^2}\mathrm{d}x\mathrm{d}y$,其中 D 是由直线 $y = x, y = 1, x = 0$ 所围成的区域.

解：　若先对 y 积分,则积分化为　　$\iint\limits_D \mathrm{e}^{-y^2}\mathrm{d}x\mathrm{d}y = \int_0^1 \mathrm{d}x \int_x^1 \mathrm{e}^{-y^2}\mathrm{d}y$

由于 e^{-y^2} 的原函数不能用初等函数表示,故上述积分难以求出. 现改变积分次序,则

$$\iint\limits_D \mathrm{e}^{-y^2}\mathrm{d}x\mathrm{d}y = \int_0^1 \mathrm{d}y \int_0^y \mathrm{e}^{-y^2}\mathrm{d}x = \int_0^1 \mathrm{e}^{-y^2} \left[x \right]_0^y \mathrm{d}y = \int_0^1 y\mathrm{e}^{-y^2}\mathrm{d}y = \frac{1}{2}\left(1 - \frac{1}{\mathrm{e}} \right).$$

例 4.　计算 $\iint\limits_D (x^2 + y^2 - y)\mathrm{d}x\mathrm{d}y$,其中 D 是由 $y = x, y = \frac{1}{2}x, y = 2$ 所围成的区域.

解：　若先对 y 积分,则 D 需分成两个区域. 这里先对 x 积分(此区域为 Y 型区域),则

$$\iint\limits_D (x^2 + y^2 - y)\mathrm{d}x\mathrm{d}y = \int_0^2 \mathrm{d}y \int_y^{2y} (x^2 + y^2 - y)\mathrm{d}x$$

$$= \int_0^2 \left[\frac{1}{3}x^3 + xy^2 - yx \right]_y^{2y} \mathrm{d}y = \int_0^2 \left(\frac{10}{3}y^3 - y^2 \right) \mathrm{d}y = \frac{32}{3}.$$

例 5.　计算积分 $\iint\limits_D \mathrm{e}^{-x^2-y^2}\mathrm{d}x\mathrm{d}y$,其中 D 是圆心在原点,半径为 R 的闭圆.

解：　$D = \{(x,y) \,|\, x^2 + y^2 \leqslant R^2\}$,在极坐标系下 $D = \{(r,\theta) \,\big|\, 0 \leqslant r \leqslant R, 0 \leqslant \theta \leqslant 2\pi\}$,

且 $x^2 + y^2 = r^2$,于是 $\iint\limits_D \mathrm{e}^{-x^2-y^2}\mathrm{d}x\mathrm{d}y$ 为：

$$\iint\limits_D \mathrm{e}^{-r^2} r\mathrm{d}r\mathrm{d}\theta = \int_0^{2\pi}\mathrm{d}\theta \int_0^R r\mathrm{e}^{-r^2}\mathrm{d}r = 2\pi \left[-\frac{1}{2}\mathrm{e}^{-r^2} \right]_0^R = \pi(1 - \mathrm{e}^{-R^2})$$

例 6.　计算二重积分 $\iint\limits_D x^2\mathrm{d}x\mathrm{d}y$,其中 D 是由圆 $x^2 + y^2 \leqslant 4x$ 所围成区域.

解： 区域 D 在极坐标系中可表示为 $D=\left\{(r,\theta)\left|0\leqslant r\leqslant 2\cos\theta,-\dfrac{\pi}{2}\leqslant\theta\leqslant\dfrac{\pi}{2}\right.\right\}$,

所以 $\displaystyle\iint_D x^2\,\mathrm{d}x\,\mathrm{d}y=\int_{-\frac{\pi}{2}}^{\frac{\pi}{2}}\cos^2\theta\,\mathrm{d}\theta\int_0^{2\cos\theta}r^3\,\mathrm{d}r=\int_{-\frac{\pi}{2}}^{\frac{\pi}{2}}16\cos^6\theta\,\mathrm{d}\theta$

$=\displaystyle\int_{-\frac{\pi}{2}}^{\frac{\pi}{2}}2(\cos 2\theta+1)^3\,\mathrm{d}\theta=\int_{-\frac{\pi}{2}}^{\frac{\pi}{2}}2(\cos^3 2\theta+3\cos^2 2\theta+3\cos 2\theta+1)\,\mathrm{d}\theta$

例 7. 计算二重积分 $\displaystyle\iint_D y\,\mathrm{d}x\,\mathrm{d}y$,其中 D 是由圆 $x^2+y^2=Rx(R>0,y\geqslant 0)$、$y=x$ 所围成区域.

解： 区域 D 在极坐标系中可表示为 $D=\left\{(r,\theta)\left|0\leqslant r\leqslant 2R\cos\theta,\dfrac{\pi}{4}\leqslant\theta\leqslant\dfrac{\pi}{2}\right.\right\}$,

所以 $\displaystyle\iint_D y\,\mathrm{d}x\,\mathrm{d}y=\int_{\frac{\pi}{4}}^{\frac{\pi}{2}}\sin\theta\,\mathrm{d}\theta\int_0^{2R\cos\theta}r^2\,\mathrm{d}r=\int_{\frac{\pi}{4}}^{\frac{\pi}{2}}\dfrac{8}{3}R^3\cos^3\theta\sin\theta\,\mathrm{d}\theta$

$=\displaystyle\int_{\frac{\pi}{4}}^{\frac{\pi}{2}}-\dfrac{8}{3}R^3\cos^3\theta\,\mathrm{d}\cos\theta=-\dfrac{2}{3}R^3\cos^4\theta\Big|_{\frac{\pi}{4}}^{\frac{\pi}{2}}=\dfrac{1}{6}R^3$

例 8. 计算二重积分 $\displaystyle\iint_D x^2\,\mathrm{d}x\,\mathrm{d}y$,其中 D 为 $\dfrac{x^2}{a^2}+\dfrac{y^2}{b^2}=1$ 所围成的区域.

解： 令 $\begin{cases}x=ar\cos\theta\\y=br\sin\theta\end{cases}$,则 $\displaystyle\iint_D x^2\,\mathrm{d}x\,\mathrm{d}y=\int_0^{2\pi}\mathrm{d}\theta\int_0^1 r^2a^2\cos^2\theta abr\,\mathrm{d}r=\dfrac{\pi}{4}a^3 b$

7.4 基础练习

1. 变换下列函数的积分次序.

(1) $\displaystyle\int_0^4\mathrm{d}x\int_0^{\sqrt{x}}f(x,y)\,\mathrm{d}y$;

(2) $\displaystyle\int_0^1\mathrm{d}y\int_y^{\sqrt{y}}f(x,y)\,\mathrm{d}x$;

(3) $\displaystyle\int_0^1\mathrm{d}x\int_{-\sqrt{x}}^{\sqrt{x}}f(x,y)\,\mathrm{d}y+\int_1^4\mathrm{d}x\int_{x-2}^{\sqrt{x}}f(x,y)\,\mathrm{d}y$;

(4) $\displaystyle\int_0^1\mathrm{d}y\int_0^{2y}f(x,y)\,\mathrm{d}x+\int_1^3\mathrm{d}y\int_0^{3-y}f(x,y)\,\mathrm{d}x$.

2. 在直角坐标系下求下列二重积分.

(1) 计算 $\displaystyle\iint_D xy\,\mathrm{d}\sigma$,其中 D 为矩形闭区域: $-1\leqslant x\leqslant 2,-1\leqslant y\leqslant 0$.

(2) 计算 $\displaystyle\iint_D xy^2\,\mathrm{d}x\,\mathrm{d}y$,其中 D 是由两条抛物线 $y=2x$、$y=x$ 及 $x=1$ 所围成的闭区域.

(3) 计算 $\displaystyle\iint_D\dfrac{x}{y^2}\,\mathrm{d}x\,\mathrm{d}y$,其中是由曲线 $xy=1$ 和直线 $y=x$、$x=2$ 所围成.

3. 在极坐标下求下列二重积分.

(1) 计算二重积分 $\displaystyle\iint_D(x^2+y^2)\,\mathrm{d}\sigma$,其中 D: $x^2+y^2=4$.

(2) 计算二重积分 $\displaystyle\iint_D\sqrt{x^2+y^2}\,\mathrm{d}\sigma$,其中 D: $x^2+y^2\leqslant -4x$.

(3) 计算二重积分 $\iint\limits_{D}(\sqrt{x^2+y^2}+y)\mathrm{d}x\,\mathrm{d}y$ ，其中 D 是由圆 $x^2+y^2=4$ 与 $(x+1)^2+y^2=1$ 所围成的平面区域.

7.5　同步自测

7.5.1　同步自测 1

1. 选择题.

(1) 二重积分 $\displaystyle\int_0^2 \mathrm{d}x \int_{\frac{x^2}{4}}^{\frac{x}{2}} f(x,y)\mathrm{d}y$ 交换积分次序后为（　　）.

$\quad$ A. $\displaystyle\int_0^2 \mathrm{d}y \int_{2y}^{2\sqrt{y}} f(x,y)\mathrm{d}x$ $\qquad\qquad$ B. $\displaystyle\int_0^2 \mathrm{d}y \int_{2\sqrt{y}}^{2y} f(x,y)\mathrm{d}x$

$\quad$ C. $\displaystyle\int_0^1 \mathrm{d}y \int_{2\sqrt{y}}^{2y} f(x,y)\mathrm{d}x$ $\qquad\qquad$ D. $\displaystyle\int_0^1 \mathrm{d}y \int_{2y}^{2\sqrt{y}} f(x,y)\mathrm{d}x$

(2) 二重积分 $\iint\limits_{D} xy\,\mathrm{d}x\,\mathrm{d}y$ 其中 $D:0\leqslant y\leqslant x^2,0\leqslant x\leqslant 1$ 的值为（　　）.

$\quad$ A. $\dfrac{1}{6}$ $\qquad\qquad$ B. $\dfrac{1}{12}$ $\qquad\qquad$ C. $\dfrac{1}{2}$ $\qquad\qquad$ D. $\dfrac{1}{4}$

(3) 设 $I=\iint\limits_{|x|+|y|\leqslant 1}\dfrac{1}{1+\cos^2 x+\sin^2 y}\mathrm{d}x\,\mathrm{d}y$ ，则 I 满足（　　）.

$\quad$ A. $\dfrac{2}{3}\leqslant I\leqslant 2$ $\qquad$ B. $2\leqslant I\leqslant 3$ $\qquad$ C. $0\leqslant I\leqslant\dfrac{1}{2}$ $\qquad$ D. $-1\leqslant I\leqslant 0$

2. 填空题.

(1) 设区域 $D:|x|\leqslant 1,|y|\leqslant 1$,则 $\iint\limits_{D}\mathrm{d}x\,\mathrm{d}y=$ _____ .

(2) 设区域 $D:1\leqslant x^2+y^2\leqslant 9$,则 $\iint\limits_{D}2\mathrm{d}x\,\mathrm{d}y=$ _____ .

(3) 交换积分次序: $\displaystyle\int_1^e \mathrm{d}x \int_0^{\ln x} f(x,y)\mathrm{d}y=$ _____ .

(4) 交换积分次序: $\displaystyle\int_0^1 \mathrm{d}y \int_0^y f(x,y)\mathrm{d}x+\int_1^2 \mathrm{d}y \int_0^{2-y} f(x,y)\mathrm{d}x=$ _____ .

3. 在直角坐标系下计算下列二重积分.

(1) $\iint\limits_{D}(1+x+2y)\mathrm{d}\sigma$,其中 D 为矩形闭区域: $0\leqslant x\leqslant 2,0\leqslant y\leqslant 1$.

(2) $\iint\limits_{D}(x\sqrt{y})\mathrm{d}x\,\mathrm{d}y$,其中 D 是由两条抛物线 $y=\sqrt{x}$, $y=x^2$ 所围成的闭区域.

(3) $\iint\limits_{D}\dfrac{x^2}{y^2}\mathrm{d}\sigma$,其中 D 是由直线 $x=2,y=x$ 及 $xy=1$ 所围成的区域.

4. 在极坐标系下计算下列二重积分.

(1) 计算二重积分 $\iint\limits_{D}\sqrt{x^2+y^2}\mathrm{d}\sigma$,其中 $D:x^2+y^2=a^2$.

(2) 计算二重积分 $\iint\limits_{D} x\,\mathrm{d}\sigma$，其中 D：$x^2+y^2\leqslant 4x$.

7.5.2　同步自测 2

1. 选择题.

(1) 设 D_1 是由 ox 轴，oy 轴及直线 $x+y=1$ 所圈成的有界闭域，f 是区域 D：$|x|+|y|\leqslant 1$ 上的连续函数，则二重积分 $\iint\limits_{D} f(x^2,y^2)\,\mathrm{d}x\,\mathrm{d}y=($　　$)$.

　　A. $\dfrac{1}{2}$　　　　B. 4　　　　C. 2　　　　D. 8

(2) 设 $I_1=\iint\limits_{D}(\ln(x+y))^7\mathrm{d}x\,\mathrm{d}y$，$I_2=\iint\limits_{D}(x+y)^7\mathrm{d}x\,\mathrm{d}y$，$I_3=\iint\limits_{D}\sin^7(x+y)\mathrm{d}x\,\mathrm{d}y$，其中 D 是由 $x=0$，$y=0$，$x+y=\dfrac{1}{2}$，$x+y=1$ 所围成的区域，则 I_1、I_2、I_3 的大小顺序是($　　$).

　　A. $I_1<I_2<I_3$　　B. $I_3<I_2<I_1$　　C. $I_1<I_3<I_2$　　D. $I_3<I_1<I_2$

(3) 若区域 D：$|x|\leqslant 1$，$|y|\leqslant 1$，则 $\iint\limits_{D} x\mathrm{e}^{\cos(xy)}\sin(xy)\mathrm{d}x\,\mathrm{d}y=($　　$)$.

　　A. 0　　　　　B. e^{-1}　　　　C. π　　　　D. e

2. 填空题.

(1) 若 D 是以 $(0,0)$，$(1,0)$ 及 $(0,1)$ 为顶点的三角形区域，由二重积分的几何意义知 $\iint\limits_{D}(1-x-y)\mathrm{d}x\,\mathrm{d}y=$_____.

(2) 设 D：$x^2+y^2\leqslant 4$，$y\geqslant 0$，则二重积分 $\iint\limits_{D}\sin(x^3y^2)\mathrm{d}x\,\mathrm{d}y=$_____.

(3) 化直角坐标系为极坐标系 $\int_{-2}^{2}\mathrm{d}x\int_{0}^{\sqrt{4-x^2}}\sqrt{x^2+y^2}\,\mathrm{d}y=$_____.

(4) 交换积分次序：$\int_{0}^{1}\mathrm{d}y\int_{-1}^{y-1}f(x,y)\mathrm{d}x+\int_{1}^{\sqrt{2}}\mathrm{d}y\int_{-1}^{-\sqrt{y^2-1}}f(x,y)\mathrm{d}x=$_____.

3. 在直角坐标系下计算二重积分.

(1) 计算 $\iint\limits_{D}(x-y^2)\mathrm{d}x\,\mathrm{d}y$，其中 D：$0\leqslant y\leqslant\sin x$，$0\leqslant x\leqslant\pi$.

(2) 计算 $\iint\limits_{D} x\mathrm{d}x\,\mathrm{d}y$，其中 D 是由抛物线 $y=\dfrac{1}{2}x^2$ 及直线 $y=x+4$ 所围成的区域.

(3) $\iint\limits_{D}\dfrac{\sin y}{y}\mathrm{d}\sigma$，其中 D 是由直线 $y=x$ 及抛物线 $x=y^2$ 所围成的区域.

4. 在极坐标系下计算下列二重积分.

(1) 计算 $\iint\limits_{D}|y|\mathrm{d}x\,\mathrm{d}y$ 其中 D：$\dfrac{x^2}{a^2}+\dfrac{y^2}{b^2}\leqslant 1$.

(2) 计算 $\iint\limits_{D}\arctan\dfrac{y}{x}\mathrm{d}\sigma$，其中 D 为圆 $x^2+y^2=4$ 与直线 $y=x$，$y=0$ 所围成的第一象限内的区域.

附录　答案

附录Ⅰ　基础练习、同步自测答案

第1章　函数、极限、连续

1.4　基础练习

1. 求函数的定义域.

(1) $(-2,0] \cup [1,+\infty)$　　　　(2) $[-1,3]$　　　　(3) $[2k\pi,(2k+1)\pi]$

2—3. 略

4. $0;0;$极限为0

5. (1) 无穷大　　　(2) 无穷小　　　(3) 无穷小　　　(4) 无穷小

6. 求下列极限.

(1) 0　　　　　　　　(2) 0　　　　　　　　(3) 0

7. 求下列极限.

(1) 1　　(2) -7　　(3) 2　　(4) 0　　(5) 4　　(6) 1　　(7) $\dfrac{5}{2}$

8. 求下列极限.

(1) 1　　　　　　　(2) 1　　　　　　　(3) 0　　　　　　(4) e^2

9. 用等价无穷小代换定理,求下列极限.

(1) $\dfrac{1}{2}$　　　　(2) $\sqrt{2}a$

10. 讨论下列函数的连续性,如有间断点指出其类型.

(1) $x=0$（可去间断点）,$x=\dfrac{\pi}{4}+\dfrac{k}{2}\pi$（$k$ 为整数）（第二类间断点）.

(2) $x=0$（跳跃间断点）.

11. $a=0,b=15.$

12. $(-\infty,-1) \cup (1,+\infty).$

13. $\lim\limits_{x \to 0^+} f(x)=0$, $\lim\limits_{x \to 0^-} f(x)=-2$, $\lim\limits_{x \to 0} f(x)$不存在.

1.5　同步自测

1.5.1　同步自测1

1. 选择题.

(1) B　　(2) B　　(3) A　　(4) B　　(5) C　　(6) C　　(7) D

2. 填空题.

(1) $y = \log_3(x-1)$ (2) $1 < x \leqslant 3$ 3. $a = 0, b = 2$

(4) 2 (5) 0，1,不存在,1,0

3. 综合题.

(1) $\lim\limits_{x \to 1} f(x) = 1$ $\lim\limits_{x \to -1} f(x)$ 不存在

(2) 证明:略

(3) 10 $-\dfrac{1}{2}$ $\dfrac{1}{2}$ 1 0 e^{-2} e^2 e^{-1}

(4) 在 $x = 1$ 处的不连续.

(5) 跳跃间断点

(6) $x \neq \pm 1$

(7) 提示:考虑函数 $f(x) = x - 2\sin x - 1$ 在 $(0,3)$ 内的根.

1.5.2 同步自测 2

1. 选择题.

(1) C (2) C (3) C (4) D (5) B (6) D

2. 填空题.

(1) $x > 1$ (2) 0，1 (3) $a = -3, b = 4$

(4) -1 (5) 跳跃

3. 综合题.

(1) 略.

(2) 证明:略.

(3) $\dfrac{\pi}{3}$.

(4) $a = 2, b = 1$

(5) ① $x = 0$（可去间断点）.

② $x = 0$（无穷间断点）, $x = 1$（可去间断点）.

第 2 章 一元微分学及其应用

2.4 基础练习

1. 根据导数的定义求下列函数的导数.

(1) $f'(5) = \dfrac{1}{3}$ (2) $f'(x) = -\sin x$

2. 求下列曲线在指定点的切线方程和法线方程.

(1) 切线方程 $x + y - 2 = 0$,法线方程 $x - y = 0$.

(2) 切线方程 $12x - y - 16 = 0$,法线方程 $x + 12y - 98 = 0$.

3. 求下列函数的导数.

(1) $y' = 4x + 3\dfrac{1}{x^4} + 5$ (2) $y' = \dfrac{2}{\sqrt[3]{x}} + \dfrac{3}{x^4}$

(3) $y' = 2x \sin x + x^2 \cos x$

(4) $y' = \dfrac{\sin x - 1}{(x + \cos x)^2}$

(5) $y = 1 + \ln x + \dfrac{(1 - \ln x)}{x^2}$

(6) $y = \left(\dfrac{1}{x} + \ln x\right) \sin x - \left(\dfrac{1}{x} - \ln x\right) \cos x$

(7) $y = \dfrac{1}{1 + \cos x}$

(8) $y = \dfrac{(1 - x^2) \tan x + x(1 + x^2) \sec^2 x}{(1 + x^2)^2}$

4. 求下列各函数在指定点处的导数值.

(1) $\dfrac{8}{(\pi + 2)^2}$

(2) 16, $\quad 15a^2 + \dfrac{2}{a^3} - 1$

5. 求下列各函数的导数.

(1) $y' = 6(x^3 - x)^5 (3x^2 - 1)$

(2) $y' = \dfrac{\ln x}{x\sqrt{1 + \ln^2 x}}$

(3) $y' = \dfrac{1}{x^2} \csc^2 \dfrac{1}{x}$

(4) $y' = 2x \sin \dfrac{1}{x} - \cos \dfrac{1}{x}$

(5) $y' = \dfrac{1}{2\sqrt{x + \sqrt{x + x}}} \left[1 + \dfrac{1}{2\sqrt{x + x}}(1 + 2\sqrt{x})\right]$

(6) $y = \dfrac{x}{x(1 - x)}$

(7) $y' = -3\sin 3x \sin(2\cos 3x)$

(8) $y = 4(x + \sin^2 x)^3 (1 + \sin 2x)$

6. 设 f, φ 可导,求下列函数的导数.

(1) $y' = \dfrac{f'(e^x) e^x}{f(e^x)}$

(2) $y' = 2f(\sin^2 x) f'(\sin^2 x) \sin 2x$

7. $x = \mu$

8. 求下列各函数的导数.

(1) $30x^4 + 12x$

(2) $12\cos 2x - 24x \sin 2x - 8x^2 \cos 2x$

9. 求下列各函数的 n 阶等数.

(1) $(n + x) e^x$;

(2) $2^{n-1} \sin\left[2x + (n-1)\dfrac{\pi}{2}\right]$

10. 求下列各方程所确定的隐函数的导数 y'.

(1) $y' = \dfrac{y - x^2}{y^2 - x}$

(2) $y' = \dfrac{x + y}{x - y}$

11. 用对数求导法求下列函数的导数.

(1) $\dfrac{(2x+3)\sqrt[4]{x-6}}{\sqrt[3]{x+1}} \left(\dfrac{2}{2x+3} + \dfrac{1}{4(x-6)} - \dfrac{1}{3(x+1)}\right)$

(2) $(\sin x)^{\cos x} (-\sin x \ln\sin x + \cos x \cot x)$

12. 求下列函数的微分.

(1) $dy = \dfrac{1}{2} \cot \dfrac{x}{2} dx$

(2) $dy = e^{-x} \left[\sin(3 - x) - \cos(3 - x)\right] dx$

13. 求下列极限.

(1) $\dfrac{a}{b}$

(2) ∞

(3) 2

(4) 0

14. 求下列函数的单调区间.

(1) $\left(-\infty,\dfrac{1}{2}\right)$ 为单增区间,$\left(\dfrac{1}{2},+\infty\right)$ 为单减区间.

(2) $(-\infty,-1)$ 及 $(1,+\infty)$ 为单减区间,$(-1,1)$ 为单增区间.

15. 求下列函数的极值.

(1) 极小值 $y(-1)=0$,极大值 $y(9)=10^{10}\,\mathrm{e}^{-9}$.

(2) 极小值 $y(1)=0$,极大值 $y\left(\dfrac{1}{3}\right)=\dfrac{1}{3}\sqrt[3]{4}$.

16. (1) $f_{\min}=2$,$f_{\max}=32$. (2) $f_{\min}=1$,$f_{\max}=3$.

17. 边长为 $\sqrt{A}$ 的正方形.

18. 求下列函数的凹凸性和拐点.

(1) $(-\infty,0)$ 为凸区间,$(0,+\infty)$ 为凹区间,$(0,0)$ 为拐点坐标.

19. 讨论下列函数的渐近线.

(1) 斜渐近线:$y=x-3$,垂直渐近线:$x=-1$.

(2) 垂直渐近线:$x=-1$,斜渐近线:$y=1$.

20. 略

2.5 同步自测

2.5.1 同步自测1

1. 选择题.

(1) A (2) C (3) D (4) C (5) D

(6) C (7) D (8) C (9) C (10) A

2. 填空题.

(1) $-f'(x_0)$ (2) $\dfrac{1}{2}+\mathrm{e}$ (3) -2 (4) $\mathrm{e}^{\cos x}(\sin^2 x-\cos x)$.

(5) $\dfrac{y-2x}{2y-x}$ (6) $y-\mathrm{e}^{-2}=(\sqrt[3]{4}+2\mathrm{e}^{-2})(x+1)$

(7) $810(1-3x)^8-\dfrac{3}{x^2\ln 2}+\sin 2x$ (8) 0.110601,0.11 (9) $\dfrac{2x^3}{3}$

(10) $a^x\ln a-\dfrac{1}{1+x^2}$ (11) $3,(0,1),(1,2),(2,3)$

(12) $(1,+\infty)$ $(-\infty,0)\bigcup(0,1)$ (13) 大

3. $x=1$ 极大值,$x=2$ 极小值

4. $\dfrac{x\ln x}{\sqrt{(x^2-1)^3}}\mathrm{d}x$.

5. 求下列函数的导数.

(1) $3x^2+12x+11$ (2) $\dfrac{1}{3}x^{-\frac{2}{3}}\sin x+\sqrt[3]{x}\cos x+a^x\mathrm{e}^x\ln(a+1)$

(3) $\log_2^x+\dfrac{1}{\ln 2}$ (4) $-\csc^2 x\arctan x+\cot x\dfrac{1}{1+x^2}$

(5) $\dfrac{1}{x^2} \cdot \sin \dfrac{1}{x}$

(6) $-\dfrac{1+x}{x\left(1+x\ln\dfrac{1}{x}\right)}$

(7) $\dfrac{1}{x-1}$

(8) $\dfrac{1}{\sqrt{1+x^2}}$

6. 2

7. 求下列极限.

　　(1) 4　　(2) $\dfrac{1}{2}$　　(3) 1　　(4) 1　　(5) 2　　(6) 1　　(7) 1.

8. $(-\infty,0)$凹　　$(0,+\infty)$凸　　$(0,0)$是拐点.

2.5.2　同步自测 2

1. 选择题.

　　(1) C　　(2) A　　(3) C　　(4) D　　(5) B　　(6) C　　(7) B　　(8) C

2. 填空题.

　　(1) $f'(0)$　　(2) $\ln(e-1)$,　　$e-1$　　(3) 1　　(4) $-f''\left(\dfrac{1}{x}\right)\dfrac{1}{x^2}+f'\left(\dfrac{1}{x}\right)\dfrac{1}{x^3}$

　　(5) $2\sqrt{x}$　　(6) $\sin x$,e^x　　(7) 0,极大值,$\dfrac{2}{5}$,极小值　　(8) $-2,4$

　　(9) $e^{\sqrt{\sin 2x}}\dfrac{1}{2\sqrt{\sin 2x}}$　　(10) 5

3. $-\dfrac{1}{y(\ln y)^3}$,　　$-\dfrac{1}{e}$

4. 求下列函数的导数

　　(1) $\dfrac{1}{2\sqrt{x+\sqrt{x+\sqrt{x}}}}\left(1+\dfrac{1+\dfrac{1}{2\sqrt{x}}}{2\sqrt{x+\sqrt{x}}}\right)$

　　(2) $\dfrac{2x\cos 2x-\sin 2x}{x^3}$

　　(3) $\dfrac{\dfrac{1}{\sqrt{1-x^2}}(\arcsin x+\arccos x)}{(\arccos x)^2}$

　　(4) $-3\cos\left[\cos^2\tan(3x)\right]\cdot 2\cos\tan(3x)\cdot\sin\tan(3x)\cdot\sec^2(3x)$

　　(5) $\dfrac{2\sin x(1-e^x)+2x\cos x(1-e^x)-x\sin x\, e^x}{4\sqrt{x\sin x}\sqrt{1-e^x}\sqrt{1-e^x}}$

　　(6) $x^{\ln x}\dfrac{2\ln x}{x}$

5. 求下列极限.

　　(1) ∞　　(2) 2　　(3) $\dfrac{1}{6}$　　(4) $\ln 3$　　(5) $e^{-\frac{2}{\pi}}$

6. 当 $a^2-3b<0$ 时，$f(x)$ 一定没有极值；当 $a^2-3b=0$ 时，$f(x)$ 可能有一个极值；当 $a^2-3b>0$ 时，$f(x)$ 可能有两个极值.

第 3 章 一元函数积分及其应用

3.4 基础练习

1. 略

2. $\cos^2 1, 0, \pi$.

3. 求下列不定积分.

(1) $\dfrac{3}{10}x^3\sqrt[3]{x}+C$ (2) $-\dfrac{3}{2}\dfrac{1}{x\sqrt{x}}+C$

(3) $\dfrac{m}{m+n}x^{\frac{m+n}{m}}+C$ (4) $\dfrac{1}{3}x^3-\dfrac{3}{2}x^2+2x+C$

(5) $\dfrac{1}{5}x^5+\dfrac{2}{3}x^3+x+C$ (6) $\dfrac{1}{3}x^3-\dfrac{2}{3}x^{\frac{3}{2}}+\dfrac{2}{5}x^{\frac{5}{2}}-x+C$

4. 略.

5. 求下列不定积分.

(1) $-\dfrac{3}{4}\sqrt[3]{(3-2x)^2}+C$ (2) $-\dfrac{1}{5}\ln|\cos 5x|+C$

(3) $-\dfrac{1}{2}e^{-x^2}+C$ (4) $\dfrac{1}{101}(x^2-3x+1)^{101}+C$

(5) $-\dfrac{1}{97}(x-1)^{-97}-\dfrac{1}{49}(x-1)^{-98}-\dfrac{1}{99}(x-1)^{-99}+C$ (6) $\dfrac{1}{3}\ln|1+3x|+C$

6. 利用牛顿-莱布尼兹公式计算下列积分.

(1) -4 (2) $\dfrac{17}{2}$ (3) 0

(4) $1-\dfrac{1}{\sqrt{3}}+\dfrac{\pi}{12}$ (5) $\dfrac{4}{3}$ (6) $\dfrac{1}{2}$

7. 求下列不定积分.

(1) $(\arctan\sqrt{x})^2+C$ (2) $\arctan f(x)+C$

8. 求下列积分.

(1) $\sqrt{2-x}\left(-\dfrac{64}{15}-\dfrac{16}{15}x-\dfrac{2}{5}x^2\right)+C$ (2) $(x+1)-4\sqrt{x+1}+4\ln(\sqrt{x+1}+1)+C$

(3) $\dfrac{1}{6}$ (4) $\sqrt{3}-\dfrac{\pi}{3}$

9. 求下列积分.

(1) $x\arctan x-\dfrac{1}{2}\ln(1+x^2)+C$ (2) $2\sqrt{x}e^{\sqrt{x}}-2e^{\sqrt{x}}+C$

(3) $\dfrac{1}{2}$ (4) $\dfrac{\pi}{4}-\dfrac{\sqrt{3}}{9}\pi+\dfrac{1}{2}\ln\dfrac{3}{2}$

10. 略.

11. 求下列积分.

    (1) 1　　　　　　　(2) 1　　　　　　　(3) $\dfrac{\pi}{2}$　　　　　　　(4) $-\dfrac{\ln 2}{2}$

3.5　同步自测

3.5.1　同步自测 1

1. 选择题.

    (1) A　　(2) B　　(3) B　　(4) A　　(5) A

    (6) B　　(7) B　　(8) C　　(9) D　　(10) B

2. 填空题.

    (1) $\dfrac{x^3}{3}-\cos x$　　(2) $-\dfrac{1}{3}$　　　　(3) $\dfrac{1}{4}$　　　　　　(4) -3

    (5) 1　　　　　　　(6) 0　　　　　　　(7) $b-a-1$　　(8) $-\mathrm{e}^{-x}(x+1)+C$

3. (1) 0　　　　　　(2) $\dfrac{\pi R^2}{2}$　　　　　(3) 0　　　　　　　(4) 1

4. $\pi \leqslant \displaystyle\int_{\frac{\pi}{4}}^{\frac{5\pi}{4}}(1+\sin^2 x)\,\mathrm{d}x \leqslant 2\pi$

5. 求下列不定积分.

    (1) $\dfrac{5}{4}x^4+C$　　　　　　　　　(2) $\dfrac{1}{3}x^3-2x^2+4x+C$

    (3) $\dfrac{m}{m+n}x^{\frac{m+n}{m}}+C$　　　　　(4) $\cot x-\tan x+C$

    (5) $\dfrac{4}{7}x^{\frac{7}{4}}+4x^{-\frac{1}{4}}+C$　　　　　(6) $\dfrac{1}{3}\mathrm{e}^{3x}+C$

    (7) $-\dfrac{1}{3}(1-2x)^{\frac{3}{2}}+C$　　　　(8) $-\dfrac{1}{2}\cos 2x+C$

    (9) $\sqrt{2x}-\ln\left|1+\sqrt{2x}\right|+C$　　(10) $-\mathrm{e}^{-x}(x^2+2x+2)+C$

6. 计算下列各定积分.

    (1) $\dfrac{\pi}{6}$　　(2) $\dfrac{\pi}{3}$　　(3) $\dfrac{\pi}{3a}$　　(4) $\dfrac{a\mathrm{e}-1}{\ln(a\mathrm{e})}$　　(5) $\dfrac{\pi}{4}+1$　　(6) -1

    (7) $\dfrac{5}{2}$　　(8) 2　　(9) $\dfrac{\pi}{2}-1$　　(10) $\dfrac{3}{2}$　　(11) $1-2\mathrm{e}^{-1}$

    (12) $\dfrac{1}{4}(\mathrm{e}^2+1)$　　　(13) $-\dfrac{2\pi}{\omega^2}$

7. 求下列广义积分.

    (1) 1　　　　　　　(2) 1　　　　　　　(3) 1　　　　　　　(4) $-2a^{-\frac{1}{2}}$

8. $\dfrac{3}{2}-\ln 2$

9. $\mathrm{e}+\mathrm{e}^{-1}-2$

3.5.2　同步自测 2

1. 选择题.

(1) B　　　(2) D　　(3) A　　　(4) D　　　(5) B

(6) B　　　(7) C　　(8) C　　　(9) A　　　(10) C

2. 填空题

(1) $b-a$　　　　(2) $\dfrac{1}{3}$　　　　　(3) -1　　　　(4) 0

(5) π　　　　　(6) 0　　　　　　(7) $6x\,\mathrm{d}x$　　　(8) $6,-2$

3. 在 $[a,b]$ 上依次加入 $n-1$ 个分点且把 $[a,b]$ 平均分成 n 份,每个区间长度为 $\dfrac{b-a}{n}$,取每个小区间的左端点为 ξ_i ,则

$$\int_a^b x\,\mathrm{d}x = \lim_{n\to\infty}\sum_{i=1}^n f(\xi_i)\Delta x_i$$

$$= \lim_{n\to\infty}\sum_{i=1}^n \xi_i\,\frac{b-a}{n}$$

$$= \lim_{n\to\infty}\frac{n(b+a)}{2}\cdot\frac{b-a}{n}$$

$$= \frac{b^2-a^2}{2}$$

4. $\dfrac{\pi}{4}$

5. 求下列不定积分.

(1) $\sqrt{\dfrac{2h}{g}}+C$（g 是常数）　　　　(2) $\sin x-\cos x+C$

(3) $\cot x-\tan x+C$　　　　　　　　(4) $\ln|\ln\ln x|+C$

(5) $-\ln\left|\cos\sqrt{1+x^2}\right|+C$　　　　(6) $\dfrac{3}{2}(\sin x-\cos x)^{\frac{2}{3}}+C$

(7) $\dfrac{\sin^4 x}{4}-\dfrac{\sin^6 x}{6}+C$　　　　　(8) $-\cos e^x+C$

(9) $\sqrt{x^2-9}-3\arccos\dfrac{3}{x}+C$　　　(10) $\arcsin x-\dfrac{x}{1+\sqrt{1-x^2}}+C$

(11) $\dfrac{1}{2}\arcsin x+\ln\left|\sqrt{1-x^2}+x\right|+C$　(12) $\dfrac{1}{2}(\sin x-\cos x)e^x+C$

(13) $\dfrac{1}{2}(1+x^2)\arctan x-\dfrac{x}{2}+C.$

6. 求下列各定积分.

(1) $\dfrac{\pi}{6}$　　　　　　　　　　　(2) $1-\dfrac{\pi}{4}$

(3) $\displaystyle\int_0^\pi \sin^3 x\cos^2 x\,\mathrm{d}x$　　　　　(4) $\displaystyle\int_{-1}^1 \frac{x\,\mathrm{d}x}{\sqrt{5-4x}}$

(5) $\dfrac{\pi}{2}$

(6) $\sqrt{2}-\dfrac{2\sqrt{3}}{3}$

(7) $\dfrac{\pi}{8}\sqrt{2}-\dfrac{1}{2}\sqrt{2}+1$

(8) $2\left(1-\dfrac{1}{e}\right)$

(9) $1-\dfrac{\pi}{6}\sqrt{3}$

(10) $\dfrac{\pi^2}{4}$

7. 求下列极限.

(1) 1

(2) 2

8. $\dfrac{1}{2}\sin(2x^2-1)+C$

9. $\displaystyle\int_a^b xf''(x)\,\mathrm{d}x=\int_a^b x\,\mathrm{d}f'(x)=xf'(x)\Big|_a^b-\int_a^b f'(x)\,\mathrm{d}x$

$$=[bf'(b)-f(b)]-[af'(a)-f(a)]$$

第 4 章 无穷级数

4.4 基础练习

1. 判断下列级数的敛散性.

(1)发散   (2)发散   (3)收敛   (4)收敛

(5)收敛   (6)收敛   (7)收敛   (8)收敛   (9)发散

2. 判断下列级数的敛散性

(1)收敛   (2)收敛   (3)收敛

(4)发散   (5)发散   (6)收敛

3. 求下列级数的收敛半径、收敛域.

(1) $R=1,(-1,1)$ (2) $R=1,[-1,1]$ (3) $R=\sqrt{3},(-\sqrt{3},\sqrt{3})$

4. 把下列级数展开为关于 x 的幂级数.

(1) $\displaystyle\sum_{n=0}^{\infty}(-1)^n\dfrac{x^n}{4^{n+1}},(-4,4)$

(2) $\dfrac{1}{6}\displaystyle\sum_{n=0}^{\infty}\left[\dfrac{(-1)^{n+1}}{5^{n+1}}-1\right]x^n,(-1,1)$

(3) $\displaystyle\sum_{n=0}^{\infty}\dfrac{(2x)^n}{n!},(-\infty,+\infty)$

5. 把下列级数展开为关于 $(x-1)$、$(x+1)$ 的幂级数.

(1) $\displaystyle\sum_{n=0}^{\infty}(-1)^n\dfrac{(x-1)^n}{5^{n+1}},(-4,6)$；$\displaystyle\sum_{n=0}^{\infty}(-1)^n\dfrac{(x-1)^n}{3^{n+1}},(-4,2)$

(2) $\dfrac{1}{6}\displaystyle\sum_{n=0}^{\infty}\left[\dfrac{(-1)^{n+1}}{5^{n+1}}-1\right](x-1)^n,(0,2)$；$\dfrac{1}{6}\displaystyle\sum_{n=0}^{\infty}\left[\dfrac{(-1)^{n+1}}{3^{n+1}}-\dfrac{1}{3^{n+1}}\right](x+1)^n,(-4,2)$

(3) $\ln 4+\displaystyle\sum_{n=0}^{\infty}\dfrac{(-1)^n(x-1)^{n+1}}{(n+1)4^{n+1}},(-3,5]$；$\ln 2+\displaystyle\sum_{n=0}^{\infty}\dfrac{(-1)^n(x+1)^{n+1}}{(n+1)2^{n+1}},(-3,1]$

4.5 同步自测

4.5.1 同步自测 1

1. 选择题

  (1) B   (2) C   (3) C

2. 填空题.

  (1) $u_n = \dfrac{n}{\ln(n+1)}$ (2) $R = 1$ (3) $\dfrac{2}{2 - \ln 3}$

3. 判断下列级数的收敛性.

  (1) 发散   (2) 收敛

4. 判断下列级数是否收敛. 若收敛, 是绝对收敛还是条件收敛?

  (1) 绝对收敛   (2) 条件收敛

5. 求下列级数的收敛域.

  (1) $(-4, 4)$ (2) $\left(-\dfrac{1}{e}, \dfrac{1}{e}\right)$

6. 求下列幂级数在收敛区间上的和函数.

  (1) $\dfrac{1}{(1-x)^2}$ (2) $2x\,e^{x^2}$

7. 将下列函数展开为 x 的幂级数.

  (1) $\displaystyle\sum_{n=0}^{\infty} \dfrac{(-3x)^n}{n!}$, $(-\infty, +\infty)$ (2) $\displaystyle\sum_{n=0}^{\infty} \left(\dfrac{1}{2^{n+1}} - \dfrac{1}{3^{n+1}}\right)x^n$, $(-2, 2)$

8. 将下列函数展开为 $(x-4)$ 的幂级数.

  (1) $\displaystyle\sum_{n=0}^{\infty} \dfrac{(-1)^{n+1}(x-4)^n}{2^{n+1}}$, $(2, 6)$

  (2) $\dfrac{1}{4}\displaystyle\sum_{n=0}^{\infty} \left[(-1)^n - \dfrac{(-1)^n}{5^{n+1}}\right](x-4)^n$, $(3, 5)$

4.5.2 同步自测 2

1. 选择题.

  (1) B   (2) A

2. 填空题

  (1) $u_0 - 1$ (2) $[0, 2)$ (3) $\ln 4 + \displaystyle\sum_{n=0}^{\infty} \dfrac{(-1)^n(x-2)^{n+1}}{(n+1)4^{n+1}}$, $(-2, 6]$

3. 判断下列级数的收敛性

  (1) 发散   (2) 收敛

4. 判断下列级数是否收敛, 若收敛, 是绝对收敛还是条件收敛?

  (1) 绝对收敛   (2) 绝对收敛

5. 求下列级数的收敛域.

  (1) $[-3, 3)$ (2) $[-2, 2]$

6. 求下列幂级数在收敛区间上的和函数.

  (1) $\dfrac{2x}{(1-x)^3}$ (2) $\arctan x$

7. 将下列函数展开为 x 的幂级数.

(1) $\ln 2 + \sum_{n=0}^{\infty} \dfrac{(-1)^n x^{n+1}}{(n+1)2^{n+1}}$,$(-2,2]$ (2) $\sum_{n=0}^{\infty} (-1)^n \dfrac{1}{2n+1} x^{2n+1}$,$(-1,1)$

8. 将下列函数展开为 $(x-3)$ 的幂级数.

(1) $\ln 3 + \sum_{n=0}^{\infty} \dfrac{(-1)^n (x-3)^{n+1}}{(n+1)3^{n+1}}$,$(0,6]$

(2) $\sum_{n=1}^{\infty} (-1)^n \dfrac{(x-3)^{n-1}}{n5^{n+1}}$,$(2,8)$

第 5 章   常微分方程

5.4   基础练习

1. 求下列微分方程的解.

(1) $y = C e^{\frac{1}{x}}$

(2) $\ln|y| = -e^x + C$

(3) $y = \dfrac{1}{3} e^{3x} + C$

(4) $y = -\cos x + \dfrac{1}{3} x^3 + C$

2. 求下列微分方程的解.

(1) $y = x(C+x)$

(2) $y = \dfrac{C}{x} + x$

(3) $y = C e^{\cos x} + 1$

(4) $y = \dfrac{1}{x}(C + x e^x - e^x)$

3. 求下列微分方程的解.

(1) $y = -\sin x + C_1 x + C_2$

(2) $y = C_1 + C_2 e^{-x} + \dfrac{1}{2} x - 1$

(3) $y = e^x + \dfrac{1}{6} x^3 + C_1 x + C_2$

(4) $y = C_2 e^{C_1 x} + C_3$

4. 求下列微分方程的解.

(1) $y = C_1 e^{-7x} + C_2 e^x$

(2) $y = C_1 e^{-2x} + C_2 e^{2x}$

(3) $y = e^{-2x}(C_1 \sin x + C_2 \cos x)$

(4) $y = C_1 \sin 2x + C_2 \cos 2x$

5. 求下列微分方程的解.

(1) $y = C_1 e^{-3x} + C_2 e^x - \dfrac{1}{4} x e^{-x}$

(2) $y = C_1 e^{-2x} + C_2 e^{2x} + \dfrac{1}{4} x e^{2x}$

(3) $y = e^{-2x}(C_1 \sin x + C_2 \cos x) + e^{2x}\left(\dfrac{1}{20} x - \dfrac{1}{40} \right)$

(4) $y = C_1 e^{-x} + C_2 e^{-4x} + \dfrac{1}{4} x^2 - \dfrac{5}{8} x + \dfrac{21}{32}$

6. 求下列微分方程满足初始条件的特解.

(1) $y = -\dfrac{3}{2} e^{-3x} + \dfrac{3}{2} e^x$

(2) $y = -\dfrac{5}{2} e^{-2x} + \dfrac{5}{2} e^{2x}$

5.5 同步自测

5.5.1 同步自测 1

1. 选择题.

(1) B   (2) B   (3) C

2. 填空题.

(1) $\dfrac{\mathrm{d}y}{\mathrm{d}x}=f(x)\varphi(y)$ (2) $y=C_1\mathrm{e}^{-5x}+C_2\mathrm{e}^{2x}$

(3) $y=x(Ax^2+Bx+C)$ (4) $y=C_1y_1(x)+C_2y_2(x)$

3. 求下列微分方程的通解.

(1) $y=C\mathrm{e}^{-\cos x}$ (2) $y=\mathrm{e}^{Cx}$

(3) $y=C\mathrm{e}^{\frac{3}{2}x^2}-1$ (4) $y=\dfrac{1}{8}x^4+\dfrac{C_1}{2}x^2+C_2x+C_3$

(5) $y=C(x^2+1)$ (6) $y=\dfrac{C_1}{x+C_2}$

4. 求下列微分方程的特解.

(1) $y=\dfrac{1}{\ln|cx^2-c|}$ (2) $y^2=x^2$

5. 求下列微分方程的通解.

(1) $y=C_1\mathrm{e}^{-x}+C_2\mathrm{e}^x$ (2) $y=C_1\mathrm{e}^{-x}+C_2\mathrm{e}^{3x}$

(3) $y=C_1\mathrm{e}^{-\frac{1}{2}x}+C_2\mathrm{e}^{2x}+\left(\dfrac{1}{12}x+\dfrac{11}{144}\right)\mathrm{e}^{-2x}$

6. 求下列微分方程的特解.

(1) $y=\mathrm{e}^{2x}\left(-\dfrac{1}{3}\sin 3x+2\cos 3x\right)$ (2) $y=5\mathrm{e}^x-\dfrac{3}{2}\mathrm{e}^{2x}+\dfrac{5}{2}$

5.5.2 同步自测 2

1. 选择题.

(1) D   (2) D   (3) C

2. 填空题.

(1) 一阶线性微分、$y=\mathrm{e}^{\int P(x)\mathrm{d}x}\left(\int Q(x)\mathrm{e}^{-\int P(x)\mathrm{d}x}\mathrm{d}x+c\right)$

(2) 二,齐次,常,$\lambda^2-2=0$

(3) $y=\dfrac{1}{1+\ln|1+x|}$

(4) $y=\mathrm{e}^x(C_1\sin x+C_2\cos x)$

3. 求下列微分方程的通解.

(1) $\mathrm{e}^{-\frac{1}{2}\cdot\left(\frac{x}{y}\right)^2}=Cy$ (2) $x=\dfrac{C}{y^2}+\dfrac{1}{2}\ln y-\dfrac{1}{4}$ (3) $y=C\mathrm{e}^{-\sin x}$

(4) $y=C_1+C_2\mathrm{e}^x-\dfrac{1}{2}x^2$ (5) $y=\dfrac{1}{4}\mathrm{e}^{2x}-\cos x+C_1x+C_2$ (6) $x=\dfrac{1}{2}y^2+C_1y+C_2$

4. 求下列微分方程的特解

(1) $y = \dfrac{x}{\cos x}$

(2) $y = \dfrac{1}{x}(\pi - \cos x - 1)$

5. 求下列微分方程的通解.

(1) $y = e^{-x}(C_1 \cos 3x + C_2 \sin 3x)$

(2) $y = C_1 \sin 2x + C_2 \cos 2x + \dfrac{1}{4}x \sin 2x$

(3) $x = C_1 e^{-2y} + C_2 e^{-4y} + \dfrac{1}{2}y e^{-2y}$

6. 求下列微分方程的特解.

(1) $y = 4e^x + 2e^{3x}$

(2) $y = 2\cos 5x + \sin 5x$

7. $\varphi(x) = \sin x + \cos x$

第 6 章　多元函数微分学

6.4　基础练习

1. 空间解析几何.

(1) $m = -3$

(2) $\dfrac{1}{2}$

(3) $\arccos \dfrac{\sqrt{6}}{6}$

(4) $-x + 2y + 3z - 10 = 0$

(5) $\dfrac{\pi}{4}$

2. 求下列函数定义域.

(1) $\{(x, y) \mid 2x + y > 0 \text{ 且 } |3x| \leqslant 1\}$

(2) $\{(x, y) \mid x + y > 0 \text{ 且 } x^2 + 2y > 0\}$

3. 求下列函数的偏导数、全微分.

(1) $\dfrac{\partial z}{\partial x} = 2xy - y$, $\dfrac{\partial z}{\partial y} = x^2 - x$, $\mathrm{d}z = (2xy - y)\mathrm{d}x + (x^2 - x)\mathrm{d}y$

(2) $\dfrac{\partial z}{\partial x} = e^{x^2 y} + 2x^2 y e^{x^2 y}$, $\dfrac{\partial z}{\partial y} = x^3 e^{x^2 y}$, $\mathrm{d}z = (e^{x^2 y} + 2x^2 y e^{x^2 y})\mathrm{d}x + x^3 e^{x^2 y}\mathrm{d}y$

(3) $\dfrac{\partial z}{\partial x} = \dfrac{y}{e^z - 2z}$, $\dfrac{\partial z}{\partial y} = \dfrac{x}{e^z - 2z}$, $\mathrm{d}z = \dfrac{y}{e^z - 2z}\mathrm{d}x + \dfrac{x}{e^z - 2z}\mathrm{d}y$

(4) $\dfrac{\partial z}{\partial x} = \dfrac{y\cos(xy) - z}{x}$, $\dfrac{\partial z}{\partial y} = \cos(xy)$, $\mathrm{d}z = \dfrac{y\cos(xy) - z}{x}\mathrm{d}x + \cos(xy)\mathrm{d}y$

(5) $\dfrac{\partial z}{\partial x} = f_1' y + f_2' 2x$, $\dfrac{\partial z}{\partial y} = f_1' x + f_2' 2y$, $\mathrm{d}z = (f_1' y + f_2' 2x)\mathrm{d}x + (f_1' x + f_2' 2y)\mathrm{d}y$

(6) $\dfrac{\partial z}{\partial x} = f_1' e^x + f_2' 2xy$, $\dfrac{\partial z}{\partial y} = f_2' x^2$, $\mathrm{d}z = (f_1' e^x + f_2' 2xy)\mathrm{d}x + f_2' x^2 \mathrm{d}y$

4. 求下列函数的二阶偏导数.

(1) $\dfrac{\partial^2 z}{\partial x^2} = 6xy\cos(x^2 y) - 4x^3 y^2 \sin(x^2 y)$, $\dfrac{\partial^2 z}{\partial y^2} = -x^5 \sin(x^2 y)$,

$\dfrac{\partial^2 z}{\partial x \partial y} = 6xy\cos(x^2 y) - 2x^3 y^2 \sin(x^2 y)$

(2) $\dfrac{\partial^2 z}{\partial x^2} = 4xy e^{xy} + 2e^{xy} + x^2 y^2 e^{xy}$, $\dfrac{\partial^2 z}{\partial y^2} = x^4 e^{xy}$, $\dfrac{\partial^2 z}{\partial x \partial y} = 3x^2 e^{xy} + x^3 y e^{xy}$

5. $x = \dfrac{3}{2}, y = 1$，极大值 $\dfrac{13}{4}$.

6.5 同步自测

6.5.1 同步自测 1

1. 选择题.

　(1) C　　(2) C　　(3) D　　(4) A　　(5) A　　(6) D

2. 填空题.

　(1) $2\sqrt{38}$ 　　　　　　(2) $\dfrac{\pi}{3}$ 　　　　　　(3) $\dfrac{\pi}{4}$

　(4) $\cos 1$ 　　　　　(5) $dz = \dfrac{y}{1-e^z}dx + \dfrac{x}{1-e^z}dy$ (6) $(1, -1)$

3. $3x - 7y + 5z - 4 = 0$

4. 求下列函数的极限

　(1) $-\dfrac{1}{4}$ 　　　　　　　　　　(2) -4

5. $\dfrac{\partial z}{\partial x} = yx^{y-1}\ln(xy) + x^{y-1}$，$\dfrac{\partial z}{\partial y} = x^y \ln x \cdot \ln xy + \dfrac{x^y}{y}$，

$dz = (yx^{y-1}\ln(xy) + x^{y-1})dx + (x^y \ln x \cdot \ln xy + \dfrac{x^y}{y})dy$

6. $\dfrac{\partial^2 z}{\partial x^2} = \dfrac{-2y^2}{(xy-y-x)^3}$，$\dfrac{\partial^2 z}{\partial y^2} = \dfrac{2x^2(x-1)}{(xy-y-x)^3}$，$\dfrac{\partial^2 z}{\partial x \partial y} = \dfrac{y(xy-y-2x)}{(xy-y-x)^3}$

7. 极大值 6，极小值 -2

8. $x = 100, y = 100, L_{\max} = 100^3$

6.5.2 同步自测 2

1. 选择题.

　(1) C　　(2) A　　(3) D　　(4) B　　(5) D　　(6) B

2. 填空题.

　(1) $\left(\dfrac{2\sqrt{17}}{17}, \dfrac{2\sqrt{17}}{17}, \dfrac{-3\sqrt{17}}{17} \right)$ (2) $(-3, 5, 7)$、$\dfrac{\sqrt{21}}{42}$ 　(3) $\{(x,y) \mid 0 < x+y \leqslant 1\}$

　(4) $\dfrac{2}{3}$ 　　　　　　　　(5) $\dfrac{\sqrt{585}}{9}$

　(6) $f''(e^{xy})e^{2xy}y^2 + f'(e^{xy})e^{xy}xy + f'(e^{xy})e^{xy}$

3. $\begin{cases} y - z - 1 = 0 \\ x + y + z = 0 \end{cases}$

4. (1) 0 　　　　　　　　　(2) $e^{\frac{1}{a}}$

5. $\dfrac{\partial z}{\partial x} = \dfrac{ye^{xy}}{1-\cos z}$，$\dfrac{\partial z}{\partial y} = \dfrac{xe^{xy}}{1-\cos z}$，$dz = \dfrac{ye^{xy}}{1-\cos z}dx + \dfrac{xe^{xy}}{1-\cos z}dy$

6. $\dfrac{\partial^2 z}{\partial x^2}=\mathrm{e}^{2y}f''_{uu}+2x\,\mathrm{e}^y f''_{uv}+2x\,\mathrm{e}^y f''_{vu}+4x^2 f''_{vv}+2f'_v,\ \dfrac{\partial^2 z}{\partial y^2}=x^2\,\mathrm{e}^{2y}f''_{uu}+x\,\mathrm{e}^y f'_u$

$\quad\ \dfrac{\partial^2 z}{\partial x\partial y}=\mathrm{e}^{2y}f''_{uu}+2x\,\mathrm{e}^y f''_{uv}+2x\,\mathrm{e}^y f''_{vu}+4x^2 f''_{vv}+zf'_v$

7. (1) $x=0.75, y=1.25$ (2) $x=0, y=1.5$(全部用于报纸广告利润最大)

8. 证明题:略

第 7 章 多元函数积分学

7.4 基础练习

1. 变换下列函数的积分次序.

(1) $\displaystyle\int_0^2\mathrm{d}y\int_{y^2}^4 f(x,y)\mathrm{d}x$ 　　(2) $\displaystyle\int_0^1\mathrm{d}x\int_{x^2}^x f(x,y)\mathrm{d}y$

(3) $\displaystyle\int_{-1}^2\mathrm{d}y\int_{y^2}^{y+2} f(x,y)\mathrm{d}x$ 　　(4) $\displaystyle\int_0^2\mathrm{d}x\int_{\frac12 x}^{3-x} f(x,y)\mathrm{d}y$

2. 在直角坐标系下求下列二重积分.

(1) $-\dfrac{3}{4}$ 　　(2) $\dfrac{7}{15}$ 　　(3) $\dfrac{4}{3}$

3. 在极坐标下求下列二重积分.

(1) 8π 　　(2) $\dfrac{128}{3}$ 　　(3) $\dfrac{16}{9}(3\pi-2)$

7.5 同步自测

7.5.1 同步自测 1

1. 选择题.

(1) D 　　(2) B 　　(3) A

2. 填空题.

(1) 4 　　(2) 16π 　　(3) $\displaystyle\int_0^1\mathrm{d}y\int_{\mathrm{e}^y}^{\mathrm{e}} f(x,y)\mathrm{d}x$ 　　(4) $\displaystyle\int_0^1\mathrm{d}x\int_x^{2-x} f(x,y)\mathrm{d}y$

3. 在直角坐标系下计算二重积分.

(1) 6 　　(2) $\dfrac{6}{55}$ 　　(3) $\dfrac{9}{4}$

4. 在极坐标系下计算下列二重积分.

(1) $\dfrac{2}{3}\pi a^3$ 　　(2) 8π

7.5.2 同步自测 2

1. 选择题.

(1) B 　　(2) C 　　(3) A

2. 填空题.

(1) $\dfrac{1}{6}$ 　　(2) 0 　　(3) $\displaystyle\int_0^{\pi}\mathrm{d}\theta\int_0^2 r^2\mathrm{d}r$ 　　(4) $\displaystyle\int_{-1}^0\mathrm{d}x\int_{x+1}^{\sqrt{1+x^2}} f(x,y)\mathrm{d}y$

3. 在直角坐标系下计算二重积分

(1) $\pi - \dfrac{4}{9}$ 　　　　　　(2) 18 　　　　　(3) $1 - \sin 1$

4. 在极坐标系下计算下列二重积分.

(1) $\dfrac{4}{3}ab^2$ 　　　　　　(2) $\dfrac{\pi^2}{16}$

附录 Ⅱ 《高等数学》课后习题答案

第 1 章 函数、极限、连续

习题 1.1

1. (1) $\left[-\dfrac{4}{3},+\infty\right]$ (2) $(-\infty,1)\cup(1,2)\cup(2,+\infty)$,

  (3) $[-1,1]$ (4) $(-1,1)$

  (5) $(-1,0)\cup(0,+\infty)$ (6) $\left[0,\dfrac{1}{2}\right]$

  (7) $(-\infty,+\infty)$ (8) $\left\{x\mid x\neq k\pi+\dfrac{\pi}{4},k\in z\right\}$

2. (1) $[-1,1]$ (2) $[-a,1-a]$

  (3) $\{x\mid 2k\pi\leqslant x\leqslant(2k+1)\pi,k\in z\}$

3. (1) 否, 定义域不相同,   (2) 相同

  (3) 否, 定义域和对应法则均不同.   (4) 相同

4. $f(0)=0,\quad f(-1)=\left[x\mid x=-\dfrac{\pi}{2}+2k\pi,k\in z\right]$,

  $f\left(\dfrac{\sqrt{3}}{2}\right)=\left[x\mid,x=\dfrac{\pi}{3}+2k\pi,k\in z\right],f\left(-\dfrac{\sqrt{2}}{2}\right)=\left[x\mid x=-\dfrac{\pi}{4}+2k\pi,k\in z\right]$,

  $f(1)=\left[x\mid x=+\dfrac{\pi}{2}+2k\pi,k\in z\right]$.

5. (1) $(-\infty,2)\cup(2,+\infty)$ (2) $(-\infty,+\infty)$

6. $f(-2)=-2,\quad f(5)=6,\quad f(x+1)=\begin{cases}x+1,&x<-1\\x+2,&x\geqslant-1\end{cases},f(x-1)=\begin{cases}x-1,&x<1\\x,&x\geqslant1\end{cases}$

7. $3x^2+3x(\Delta x)+(\Delta x)^2$

8. x^3-x

9. (1) 偶函数   (2) 奇函数   (3) 奇函数   (4) 非奇非偶函数

10. (1) 由 $y=2^u$ 与 $u=3x-1$ 复合而成

  (2) 由 $y=\ln u,u=\sqrt{V}$ 与 $V=1-x^2$ 复合而成

  (3) 由 $y=u^2,u=\cos V$ 与 $V=3x-1$ 复合而成

  (4) 由 $y=\ln u,u=\tan V$ 与 $V=\dfrac{x^2+1}{2}$ 复合而成

  (5) 由 $y=u^3,u=\arcsin V$ 与 $V=1-x^2$ 复合而成

  (6) 由 $y=u^{\frac{1}{3}},u=1+\cos V$ 与 $V=2x$ 复合而成

  (7) 由 $y=\ln u,u=\arccos V$ 与 $V=e^{x+1}$ 复合而成

11. $V=x(a-2x)^2,\qquad x\in(0,\dfrac{1}{2}a)$

12. $V = \dfrac{1}{3}\pi \cdot \dfrac{R^2}{H^2} \cdot h^3$, $\qquad h \in (0, H)$

习题 1.2

1. $\lim\limits_{x \to 0^-} f(x) = 1$, $\qquad\qquad \lim\limits_{x \to 0^+} f(x) = 1$, $\qquad \lim\limits_{x \to 0} f(x) = 1$

$\quad \lim\limits_{x \to 1^-} f(x) = 2$, $\qquad\qquad \lim\limits_{x \to 1^+} f(x) = 1$, $\qquad \lim\limits_{x \to 1} f(x)$不存在

2. 略

3. $\lim\limits_{x \to -5} f(x) = 14$, $\quad \lim\limits_{x \to 1} f(x) = 2$, $\quad \lim\limits_{x \to 2} f(x) = 2$, $\quad \lim\limits_{x \to 3} f(x) = 4$.

4.（1）21　（2）$-\dfrac{1}{3}$　（3）4　（4）$\dfrac{3}{2}$　（5）$\dfrac{1}{2}$

（6）0　（7）3　（8）1　（9）0　（10）3　（11）$\dfrac{1}{4}$　（12）$-\dfrac{1}{2}$

5.（1）$x \to \infty$时, $y \to 0$; $x \to 1$时, $y \to \infty$

（2）$x \to \pm 2$时, $y \to 0^+$; $x \to \infty$时, $y \to \infty$

（3）$x \to 1$时, $y \to 0$; $x \to 0$时, $y \to -\infty$, $x \to +\infty$时, $y \to +\infty$

（4）$x \to \dfrac{1}{2}(2k+1)\pi$, $y \to 0$; $x \to k\pi$, $y \to \infty$, $k \in z$

6.（1）0　（2）0　（3）0　（4）0　（5）$\dfrac{3}{5}$　（6）∞　（7）0　（8）0

7.（1）等价无穷小　（2）等价无穷小

8.（1）$\dfrac{2}{3}$　（2）1　（3）2　（4）$\dfrac{2}{3}$　（5）1　（6）1　（7）1　（8）$\sqrt{2}$

（9）e^2　（10）e^6　（11）e^{-2}　（12）$e^{\frac{1}{e}}$　（13）e^3　（14）e

习题 1.3

1. 当 $x = \dfrac{1}{2}$时,函数连续

当 $x = 1$时,函数不连续

当 $x = 2$时,函数连续

2.（1）$x = -1$是无穷间断点　　（2）$x = 1$是可去间断点, $x = 2$是无穷间断点

（3）$x = 0$是跳跃间断点　　（4）$x = 0$是可去间断点

3.（1）$[2, 7]$　　（2）$(-\infty, 1) \bigcup (1, 2) \bigcup (2, +\infty)$

（3）$(-\infty, 0) \bigcup (0, 5)$　　（4）$(-\infty, 1) \bigcup (1, +\infty)$

4. 略.

复习题 1

1.（1）偶函数　　　　（2）偶函数　　　　（3）奇函数

2.（1）$\dfrac{4}{3}$　（2）$-\dfrac{1}{4}$　（3）$\dfrac{4}{3}$　（4）$-\dfrac{\sqrt{2}}{4}$　（5）1

(6) $\dfrac{1}{2}a$ (7) $\dfrac{1}{2}$ (8) e^{-1} (9) e^{-k} (10) 2 (11) -1

(12) 0

3. $a=0,b=18$

4. $a=1,b=-2$

5. $\underset{x\to 1^{-}}{\text{Lim}}f(x)=-2$, $\underset{x\to 1^{+}}{\text{Lim}}f(x)=2$, $\underset{x\to 1}{\text{Lim}}f(x)$不存在

6. $a=1$

7. $c=\ln 2$

8. 略.

9. 略.

第 2 章　一元函数微分学及应用

习题 2.1

1.(1) 正确　　　　　　　　　　　　　(2) 正确

2. (1) $200x^{199}$　　　　　　　　(2) $\dfrac{9}{8}x^{\frac{1}{8}}$　　　　　　(3) $\dfrac{7}{2}x^{\frac{5}{2}}$

3. $(-1,-1)$或$(1,1)$

4. $\left(\dfrac{1}{2},\dfrac{1}{4}\right),y-\dfrac{1}{4}=\dfrac{1}{2}\left(x-\dfrac{1}{2}\right)$

5. 略

习题 2.2

1.(1) $24x^7+8x^3+1$　　　　　(2) $2\cos x$　　　　　(3) $\cos x-x\sin x$

(4) $2x+3e^x$　　　　　(5) $2^x\ln 2+2x$　　　　(6) $e^x+\dfrac{1}{x}$

2.(1) $200(2x-1)^{99}$　　　　(2) $(4x+1)e^{2x^2+x}$　　　(3) $3\cos(3x+\pi)$

(4) $-2\cos x\cdot\sin x$　　　(5) $2^x\ln 2+2x$　　　(6) $\dfrac{2x}{1+x^2}$

(7) $2\sec^2 2x$　　　　　　(8) $-3\csc^2 3x$

3. (1) 10　　(2) $-9\sin(3x+1)$

习题 2.3

1. $\dfrac{1}{2}\ln^2 x$,　　　$\ln(1+x)$,　　　$\dfrac{1}{2}\ln 2x$

2. 略.

3.(1) $(2x+\cos x)\mathrm{d}x$　　(2) $\sec^2\mathrm{d}x$　　(3) $(e^x+xe^x)\mathrm{d}x$　　(4) $200(2x-1)^{99}\mathrm{d}x$

4. 略.

习题 2.4

1. 略.

2.（1）8　　　　　（2）3　　　　　（3）$\dfrac{3}{2}$　　　　　（4）2

习题 2.5

1. $(-\infty,+\infty)$单调增区间

2. $(-\infty,0)$单调增区间，$(0,+\infty)$单调减区间

3. 最小值 1，最大值 e

复习题 2

1. 略.

2. $f'(x)=2ax+b$，　　　$f'(0)=b$，　　　$f'\left(\dfrac{1}{2}\right)=a+b$，　　　$f'\left(-\dfrac{b}{2a}\right)=0$

3. 27

4. $y-9=6(x-3)$

5. $x=0$ 和 $x=\dfrac{2}{3}$

6. 不可导

7. 可导

8.（1）$6x-1$　　（2）$(a+b)x^{a+b-1}$　　（3）$x^{-\frac{1}{2}}+x^{-2}$　　（4）$x-4x^{-3}$

（5）$-\dfrac{1}{2}x^{-\frac{3}{2}}-\dfrac{5}{2}x^{\frac{3}{2}}$　　（6）$6x^2-2x$　　（7）$-\dfrac{1}{2}x^{-\frac{3}{2}}-\dfrac{1}{2}x^{-\frac{1}{2}}$

（8）$\dfrac{3\sqrt{2}}{2}x^{\frac{1}{2}}+\dfrac{\sqrt{2}}{2}x^{-\frac{1}{2}}$　　（9）$\dfrac{a}{a+b}$　　（10）$2x-a-b$

（11）$abx^{b-1}+abx^{a-1}+ab(a+b)x^{x+b-1}$

9.（1）$3x^2+12x+11$　　（2）$\ln x+1$　　（3）$nx^{n-1}\ln x+x^{n-1}$　　（4）$\dfrac{1}{2x\ln a}$

（5）$-\dfrac{2}{(x-1)^2}$　　（6）$\dfrac{5-5x^2}{(1+x^2)^2}$　　（7）$3-\dfrac{4}{(2-x)^2}$　　（8）$-\dfrac{acnx^{n-1}}{(b+cx^n)^2}$

（9）$-\dfrac{2}{x(1+\ln^x)^2}$　　（10）$\dfrac{2-4x}{(1-x+x^2)^2}$

10.（1）$x\cos x$　　（2）$\dfrac{1-\cos x-x\sin x}{(1-\cos x)^2}$　　（3）$\sec^2 x-\tan x-x\sec^2 x$

（4）$\dfrac{5}{1+\cos x}$　　（5）$\dfrac{x\sin^2 x\cos x-\sin^3 x+x^2\sin x-x^3\cos x}{x^2\sin^2 x}$

（6）$\sin x\ln x+x\cos x\ln x+\sin x$

11. $y=-(x-\pi)$

12. $(0,1)$

13.（1）$5x^4+4x^3+6x^2+4x+1$　　（2）$4x-3$

（3）$9(3x+5)^2(5x+4)^5+25(3x+5)^3(5x+4)^4$

（4）$6x\sqrt{1+5x^2}+\dfrac{10x+15x^2}{\sqrt{1+5x^2}}$　　（5）$\dfrac{x^2+6x+8}{(x+3)^2}$　　（6）$\dfrac{x}{\sqrt{x^2-a^2}}$

(7) $(1-x^2)^{-\frac{3}{2}}$ 　　(8) $\dfrac{2x}{(1+x^2)\ln a}$ 　　(9) $-\dfrac{2x}{(a^2-x^2)}$

(10) $\dfrac{1}{2x}+\dfrac{1}{2x\sqrt{\ln x}}$ 　　(11) $\dfrac{1}{\sqrt{x}\,(1-x)}$ 　　(12) $n\cos nx$

(13) $n\sin^{n-1}x\cdot\cos x$ 　　(14) $nx^{n-1}\cos^n x$ 　　(15) $n\sin^{n-1}x\cos nx-n\sin^n x\cdot\sin nx$

(16) $-\dfrac{3}{2}\cos^2\dfrac{x}{2}\cdot\sin^3\dfrac{x}{2}$ 　　(17) $\dfrac{1}{2}\sec^2\dfrac{x}{2}-\dfrac{1}{2}$ 　　(18) $\csc x$

(19) $2x\sin\dfrac{1}{x}-\cos\dfrac{1}{x}$ 　　(20) $\dfrac{1}{x\ln x}$ 　　(21) $\dfrac{1}{\sqrt{x^2-a^2}}$ 　　(22) $n\sec^{n+1}x\cdot\tan x$

(23) $\dfrac{x^2}{(\cos x+x\sin x)^2}$ 　　(24) $\dfrac{2}{a}\left(\sec^2\dfrac{x}{a}\cdot\tan\dfrac{x}{a}-\csc^2\dfrac{x}{a}\cdot\cot\dfrac{x}{a}\right)$

14. (1) $\dfrac{1}{\sqrt{4-x^2}}$ 　　(2) $\dfrac{\csc^2\dfrac{1}{x}}{x^2}$ 　　(3) $\dfrac{2+4x^2-4x^4}{(1-x^2)^3}\sec^2\dfrac{2x}{1-x^2}$

(4) $\dfrac{\arccos x-\sqrt{1-x^2}}{(1-x^2)^2}$ 　　(5) $\dfrac{\arcsin\dfrac{x}{2}}{2\sqrt{4-x^2}}$ 　　(6) $2\sqrt{1-x^2}$ 　　(7) 0

15. (1) $\dfrac{y-2x}{2y-x}$ 　　(2) $\dfrac{y}{y-ax}$ 　　(3) $\dfrac{y}{y-1}$ 　　(4) $\dfrac{e^y}{1-xe^y}$

16. (1) $4e^{4x}$ 　　(2) $\dfrac{1}{\ln a}a^xe^x+a^xe^x$ 　　(3) $-2xe^{-x^2}$

(4) $-e^{e-x}$ 　　(5) $ax^{a-1}+\dfrac{1}{\ln a}a^x$ 　　(6) $-\dfrac{1}{x^2}e^{-\frac{1}{x}}$

(7) $-e^{-x}\cos 3x-3e^{-x}\sin 3x$ 　　(8) $(2x+1)e^{x^2+x-2}\cdot\cos e^{x^2+x-2}$

(9) $-\dfrac{1}{x^2}e^{\tan\frac{1}{x}}\cdot\sec^2\dfrac{1}{x}$ 　　(10) $\dfrac{4e^{2x}}{(1+e^{2x})^2}$

(11) $e^{x\ln x}(1+\ln x)$ 　　(12) $e^{-2x}(2x\sin 3x+3x^2\cos 3x-2x^2\sin 3x)$

17. (1) $x\sqrt{\dfrac{1-x}{1+x}}\left(\dfrac{1}{x}-\dfrac{1}{2(1-x)}-\dfrac{1}{2(1+x)}\right)$

(2) $\dfrac{x^2}{1-x}\sqrt[3]{\dfrac{3-x}{(3+x)^2}}\left(\dfrac{2}{x}+\dfrac{1}{1-x}-\dfrac{1}{9-3x}-\dfrac{2}{9+3x}\right)$

(3) $\dfrac{n}{\sqrt{1+x^2}}(x+\sqrt{1+x^2})^n$

(4) $(x-a_1)^{a_1}(x-a_2)^{a_2}\cdots(x-a_n)^{a_n}\left(\dfrac{a_1}{x-a_1}+\dfrac{a_2}{x-a_2}+\cdots\dfrac{a_n}{x-a_n}\right)$

18. (1) $-\dfrac{2\sin[\ln(1+2x)]}{1+2x}$ 　　(2) $\dfrac{1}{x}$

(3) $x^{x^2}(2x\ln x+x)+2xe^{x2}+x^{e^x}\left(e^x\ln x+\dfrac{1}{x}e^x\right)+(e^{x^x})^2(\ln x+1)$

(4) $-\sqrt{\dfrac{y}{x}}$ 　　(5) $e^xf'(e^x)e^{f(x)}+f'(x)e^{f(x)}f(e^x)$

(6) $-f'(\arcsin \dfrac{1}{x}) \cdot \dfrac{1}{x\sqrt{x^2-1}}$

(7) $(e^x + ex^{e-1})f'(e^x + x^e)$ (8) $\sin 2x[f'(\sin^2 x) - f'(\cos^2 x)]$

(9) $-\dfrac{1}{(1+t)^2}$

22. (1) $a^x(\ln a)^n$ (2) $(-1)^{n-1} \cdot (n-1)! \dfrac{1}{(1+x)^n}$

(3) $(\cos x)^n = \cos(x + n \cdot \dfrac{x}{2})$ (4) $m(m-1)\cdots(m-n+1)(1+x)^{m-n}$

23. (1) $\dfrac{2-2x^2}{(1+x^2)^2}$ (2) $\dfrac{1}{x}$ (3) $2\arctan x + \dfrac{2x}{1+x^2}$

(4) $(6x + 4x^3)e^{x^2}$ (5) $-\dfrac{a^2}{(a^2-x^2)\sqrt{a^2-x^2}}$

24. $-ake^{-kt}$ $ak^2 e^{-kt}$ $-ak$ ak^2

27. (1) $bx\,dx$ (2) $-\dfrac{x}{\sqrt{1-x^2}}dx$ (3) $\dfrac{2}{x}dx$ (4) $\dfrac{1+x^2}{(1-x^2)^2}dx$

(5) $-(\sin x + \cos x)e^{-x}dx$ (6) $\dfrac{1}{2\sqrt{x-x^2}}dx$ (7) $\dfrac{-a^2}{x^2}dx$

(8) $-\dfrac{bx}{a\sqrt{a^2-x^2}}dx$ (9) $-\dfrac{3x^2}{2(1-x^3)}dx$ (10) $2(e^{2x}-e^{-2x})dx$

(11) $\dfrac{1}{\delta}\sec^2 \dfrac{x}{2}dx$ (12) $\dfrac{e^y}{1-xe^y}dx$

29. (1) $\dfrac{1}{4}$ (2) 0 (3) $\dfrac{3}{2}$ (4) 0

30. (1) $\dfrac{\sqrt{3}}{3}a$ (2) $\dfrac{1}{\ln 2}$ (3) $\dfrac{5-\sqrt{43}}{3}$

34. (1) 2 (2) 1 (3) ∞ (4) 0 (5) ∞ (6) 0

(7) 1 (8) 0 (9) $\dfrac{1}{2}$ (10) 0 (11) 1 (12) 0

35. (1) $(-\infty, -1) \bigcup (-1, +\infty)$ (2) $(-\infty, +\infty)$

(3) $(-\infty, -1) \bigcup (-1, 0) \bigcup (0, +\infty)$ (4) $(-\infty, 0) \bigcup (0, +\infty)$

(5) $(-\infty, -1) \bigcup (-1, 0) \bigcup (0, +\infty)$ (6) $(0, \dfrac{1}{2}) \bigcup (\dfrac{1}{2}, +\infty)$

38. (1) $y_{极大值} = 7, y_{极小值} = 3$ (2) $y_{极大值} = -1\ y_{极小值} = 1$

(3) $y_{极大值} = \dfrac{3}{2}$ (4) $y_{极小值} = 0, y_{极大值} = 4e^{-2}$

(5) $y_{极小值} = 0$ (6) $y_{极小值} = 3$

(7) $y_{极大值} = 0, y_{极小值} = \sqrt[3]{4}$ (8) $y_{极小值} = -\dfrac{9}{4}$

39. (1) $y_{极大值} = 0\quad y_{极小值} = -32$ (2) $y_{极小值} = 0\quad y_{极大值} = \dfrac{4}{27}$

(3) $y_{极小值}=1-2\ln2$ $\qquad$ (4) $y_{极小值}=\dfrac{3}{2}\sqrt{2}$

40. (1) 13,4 $\quad$ (2) $\ln5,0$ $\quad$ (3) $\dfrac{1}{2},0$ $\quad$ (4) 6,0

47. (1) $\left(-\infty,\dfrac{1}{3}\right)$ 上凹,拐点 $\left(\dfrac{1}{3},\dfrac{2}{27}\right)$,$\left(\dfrac{1}{3},+\infty\right)$ 下凹

(2) $(-\infty,-1)\bigcup(1,+\infty)$ 下凹,$(-1,1)$ 上凹,拐点 $(-1,\ln2)$、$(1,\ln2)$

(3) $(-\infty,-2)$ 下凹 $(-2,+\infty)$ 上凹,拐点 $\left(-2,-\dfrac{2}{e^2}\right)$

(4) $(-\infty,+\infty)$ 上凹

48. (1) $y=0$ 水平渐近线 $\qquad$ (2) $y=0$ 水平渐近线

(3) $x=0$ 铅垂渐近线 $\qquad$ (4) $y=1$ 水平渐近线

(5) $y=0$ 水平渐近线,$x=-1$ 铅垂渐近线 $\qquad$ (6) $x=1$ 铅垂渐近线

第3章 一元函数积分学及其应用

习题 3.1

略.

习题 3.2

1.(1) $\left[\dfrac{\pi}{2},\dfrac{e\pi}{2}\right]$ $\qquad$ (2) $[-4,12]$

2. $\dfrac{2\sqrt{3}}{9}\pi$

习题 3.3

1.(1) x $\qquad -\sqrt{1+x^2}$ $\qquad -2x\sin x^2+\sin x,0.$

2. $-3e^{-y}\cos x$

3.(1) 2 $\qquad$ (2) $\dfrac{\sqrt{2}}{2}$

习题 3.4

1. 略

2.(1) $\ln x-3\arcsin x+C$ (2) $\dfrac{2}{5}x^{\frac{5}{2}}+x+C$ (3) $-\dfrac{2}{3}x^{-\frac{3}{2}}-e^x-\ln x+C$

(4) $-\dfrac{1}{x}\arctan x+C$ (5) $-\cot t-2t+C$ (6) $\dfrac{a^xe^x}{1+\ln a}+C$

3. $y=2x-2\ln(1+x)+2\ln^2-3$

习题 3.5

1.(1) $-\dfrac{1}{16}(2x+3)^{-8}+C$ (2) $-\dfrac{1}{\omega}\cos(\omega x+a)+C$ (3) $\dfrac{\sqrt{2}}{2}\arctan\sqrt{2}\,x+C$

(4) $\dfrac{10^{2x}}{2\ln10}+C$ (5) $\dfrac{\sqrt{3}}{3}\arcsin\sqrt{\dfrac{3}{2}}\,x+C$ (6) $-\dfrac{1}{4}\ln|3-2x^2|+C$

(7) $\dfrac{1}{18}-\dfrac{1}{6(1+3x^2)}+C$ (8) $\dfrac{1}{4}\arcsin\sqrt{2}\,x^2+C$ (9) $-\dfrac{1}{3}e^{-x^3}+C$

(10) $-\dfrac{\sqrt{2}}{2}\arctan\left(\dfrac{\sqrt{2}}{2}\cos x\right)+C$ (11) $\dfrac{2}{3}(\ln x)^{\frac{3}{2}}+C$

(12) $\ln\ln x+C$ (13) $\ln\left|\arcsin\dfrac{x}{2}\right|+C$ (14) $-2\cot\sqrt{x}+C$

(15) $\sin x-\dfrac{1}{3}\sin^3x+C$ (16) $2\arcsin\sqrt{x}+x$ (17) $\arctan e^x+C$

(18) $\tan x+\dfrac{1}{3}\tan^3x+C$ (19) $\arcsin x-\sqrt{1-x^2}+C$ (20) $-\dfrac{1}{4}\ln\left|\dfrac{x-3}{x+1}\right|+C$

2.(1) $\dfrac{1}{5}(1-x^2)^{\frac{5}{2}}-\dfrac{1}{3}(1-x^2)^{\frac{3}{2}}+C$

(2) $2\sqrt{1+t}-2\ln|1+\sqrt{1+t}|+C$

(4) $\dfrac{2}{a}\ln\left|\dfrac{a-\sqrt{a^2-b^2x}}{b\sqrt{x}}\right|+C$

(5) $\sqrt{1-e^{2x}}-\ln\left|\dfrac{\sqrt{1-e^{2x}}+1}{\sqrt{1-e^{2x}}-1}\right|+C$

(6) $\arccos\dfrac{1}{x}+C$

(7) $\dfrac{\sqrt{2}}{2}\ln\left|\dfrac{\sqrt{x^2+2x+3}-\sqrt{2}}{x+1}\right|+C$

(8) $\dfrac{1}{9}\sqrt{3e^x-2}-\dfrac{1}{9}\ln(3e^x-2)+C$

3.(1) $\dfrac{\sqrt{3}}{3}-\dfrac{\pi}{6}$ (2) $\dfrac{\pi}{16}$ (3) $2-\dfrac{\pi}{2}$ (5) $2\sqrt{3}-2$ (6) $\dfrac{7}{144}\pi^2$

5.(1) $x\arccos x-\sqrt{1-x^2}+C$ (2) $\ln x\cdot\ln\ln x-\ln x+C$

(3) $x^2e^x-2xe^x+2e^x+C$ (4) $2x\sqrt{e^x-1}-4\sqrt{e^y-1}-2\ln\left(\dfrac{\sqrt{e^x-1}-1}{\sqrt{e^x-1}+1}\right)+C$

(5) $\dfrac{1}{2}x\arcsin x-\dfrac{x}{2}\arcsin x-\sqrt{1-x^2}\arcsin x+x+C$

(6) $\dfrac{1}{2}e^x+\dfrac{1}{3}e^x\sin 2x+\dfrac{1}{3}e^x\cos 2x+C$ (7) $x\tan x-\dfrac{1}{2}x^2+\ln|\cos x|+C$

(8) $\dfrac{1}{2}x\sin(\ln x)-\dfrac{1}{2}x\cos(\ln x)+C$

6.(1) $\dfrac{3}{8}\pi-\dfrac{1}{e}$ (2) $-\dfrac{3}{5}e^\pi$ (3) $2-\dfrac{2}{e}$ (4)0 (5) $\dfrac{\pi}{2}$ (6) $\dfrac{\pi}{2}$

习题 3.6

(1) $\dfrac{\pi}{2}$　　　　(2) $\dfrac{\pi}{2}$　　　　(3) π　　　　(4) 发散

习题 3.7

(1) $\dfrac{25}{3}$　　(2) $27\sqrt{2}-9\sqrt{2}$　　(3) $\dfrac{1}{3}$　　(4) 12　　(5) 70　　(8) $\dfrac{500}{3}$

(9) $256,64$　　(10) 42　　(11) $\dfrac{\pi}{2},2\pi$　　(12) $\dfrac{8}{5}\pi$　　(13) $\ln(2+\sqrt{3})$

(14) $2\pi^2 a$

复习题 3

1. (1) $\dfrac{3^x}{\ln 3}-\dfrac{1}{3}x^3+\tan x+C$ 　　　　(2) $a^2 x-\dfrac{9}{5}a^{\frac{4}{3}}x^{\frac{5}{3}}+\dfrac{9}{7}a^{\frac{2}{3}}x^{\frac{7}{3}}+\dfrac{1}{3}x^3+C$

(3) $\dfrac{1}{3}(x^2-11)^{\frac{3}{2}}+C$ 　　　　(4) $\dfrac{1}{5}\ln\left|\dfrac{x-3}{x+2}\right|+C$

(5) $\ln|x^2-x+3|-\dfrac{16}{11\sqrt{11}}\arctan\dfrac{\sqrt{n}}{2}\left(x-\dfrac{1}{2}\right)+C$ 　(6) $x-\ln|1+e^x|+C$

(7) $\dfrac{1}{15}(3x+1)^{\frac{5}{3}}+\dfrac{1}{3}(3x+1)^{\frac{2}{3}}+C$ 　　(8) $\dfrac{1}{2}\arctan x+\dfrac{1}{4}\sin 2(\arctan x)+C$

(9) $\dfrac{1}{2}\arcsin x-\dfrac{1}{4}\cos 2(\arcsin x)+C$ 　(10) $2x\sin\dfrac{x}{2}+4\cos\dfrac{x}{2}+C$

(11) $-\dfrac{1}{2}(2x-1)e^{-2x}-\dfrac{1}{2}e^{-2x}+C$ 　　(12) $\ln\sin x.\tan x-x+C$

2. (1) $\dfrac{25}{2}-\dfrac{1}{2}\ln 26$　(2) 0　　　(3) $4-2\arctan 2$　(4) $2-\dfrac{\pi}{2}$

(5) $\dfrac{\pi}{2}$ 　　　　(6) $\dfrac{\pi}{8}-\dfrac{1}{4}$ 　　(7) $\sqrt{3}-\dfrac{\pi}{3}$ 　　(8) $2-5e^{-1}$

(9) $3-2e$ 　　(10) $1-\dfrac{2}{e}$

3. (1) $\dfrac{\pi}{2}-1$ 　　　(2) 1

4. (1) 1 　　　　　(2) $\dfrac{1}{2}$

5. e

6. $0,-\dfrac{5\sqrt{3}}{2}\arctan\dfrac{2\sqrt{3}}{3}$

7. 708

8. $y=\ln\left|\dfrac{x}{2-x}\right|$

9. 2.

10. $\sqrt{3}-\dfrac{1}{6}-\dfrac{\pi}{6}$

11. $\dfrac{15}{2}\pi$

第 4 章 无穷级数

习题 4.1

1. (1) 正确　　(2) 错误　　(3) 错误　　(4) 正确

2. (1) $n!$　(2) $(-1)^{n-1}\dfrac{1}{2n-1}$　(3) $\dfrac{1}{n\ln(n+1)}$

　(4) $\dfrac{n}{n+3}$　(5) $(-1)^{n-1}\dfrac{n^3}{n!}$　(6) 略

3. (1) $\dfrac{1}{2}$　(2) 发散　(3) $\dfrac{4}{11}$　(4) 发散　(5) 发散

　(6) 发散　(7) 发散　(8) $\dfrac{5}{3}$　(9) 发散

4. $\dfrac{5}{4}$

习题 4.2

1. (1) 收敛　(2) 收敛　(3) 收敛　(4) 发散
2. (1) 收敛　(2) 发散　(3) 收敛　(4) 发散　　(5) 发散
　(6) 收敛　(7) 收敛　(8) 收敛　(9) 发散
3. (1) 收敛　(2) 收敛　(3) 收敛　(4) 发散　(5) 收敛
　(6) 收敛　(7) 发散　(8) 收敛　(9) 收敛

习题 4.3

1. (1) $(-1,1)$　(2) $(-\infty,+\infty)$　(3) $[-2,2]$　(4) $[-1,1]$

　(5) $(-\sqrt{2},\sqrt{2})$　(6) $(-\infty,+\infty)$　(7) $x=0.$　(8) $[-1,1)$ (9) $\left(-\dfrac{4}{3},-\dfrac{2}{3}\right)$

2. (1) $\dfrac{1}{(1-x)^2}$　(2) $\dfrac{1}{2}\ln|1-x^2|$　(3) $-x\ln|1-x|+x-\ln|1-x|$

习题 4.4

1. (1) $\displaystyle\sum_{n=0}^{\infty}\dfrac{x^{2n}}{n!}\,x\in(-\infty,+\infty)$　(2) $\displaystyle\sum_{n=0}^{\infty}(-1)^n x^{2n}\,x\in(-1,1)$

　(3) $\dfrac{1}{2}-\dfrac{1}{2}\displaystyle\sum_{n=0}^{\infty}(-1)^n\dfrac{x^{4n}}{(2n)^1}$　(4) $\displaystyle\sum(-1)^{n-1}\left(\dfrac{1}{2}\right)^{2n-1}\cdot\dfrac{x}{(2n-1)!}\,x\in(-1,1)$

　(5) $\ln2+\displaystyle\sum_{n=1}^{\infty}(-1)^{n-1}\left(\dfrac{1}{2}\right)^n\dfrac{x^n}{n}\,x\in(-1,1)$

(6) $1-2x+\dfrac{-2(-2-1)}{2!}x^2+\cdots+\dfrac{-2(-2-1)^{-2}\cdots-2(-2-1)\cdots(-2-n+1)}{n!}\cdot x^n$

(7) $\dfrac{1}{5}\left(\displaystyle\sum_{n=0}^{\infty}(-1)^n\left(\dfrac{1}{2}\right)^n x^n-\sum_{n=0}^{\infty}2^n x^n\right)$

(8) $\displaystyle\sum_{n=1}^{\infty}(-1)^{n-1}\cdot\dfrac{x^{2n-1}}{(2n-1)(2n-1)!},x\in(-\infty,+\infty)$

2. (1) $\displaystyle\sum_{n=0}^{\infty}\left[\left(\dfrac{1}{2}\right)^{n+1}-\left(\dfrac{1}{3}\right)^{n+1}\right]\cdot(x+4)^n,x\in(-5,-3)$

(2) $\dfrac{1}{9}\left[1-2\cdot\dfrac{1}{3}(x-1)+\dfrac{-2(-2-1)}{2!}\left[\dfrac{1}{3}(x-1)\right]^2+\cdots+\right.$

$\left.\dfrac{-2(-2-1)\cdots(-2-n+1)}{n!}\left[\dfrac{1}{3}(x-1)\right]^n+\cdots\right],x\in(-1,1)$

复习题 4

1. (1) 错   (2) 正确   (3) 正确   (4) 正确

2. (1) A   (2) C   (3) B   (4) B

3. (1) 发散   (2) 收敛   (3) 收敛   (4) 发散

   (5) 发散   (6) 收敛   (7) 收敛   (8) 发散

   (9) 发散   (10) 发散   (11) 发散   (12) 发散

4. (1) $-x+\dfrac{1}{2}\arctan x+\dfrac{1}{4}\ln\left|\dfrac{1+x}{1-x}\right|\quad -1<x<1$

(2) $\dfrac{2}{(1-x)^3}(-1<x<1)$

5. (1) $\displaystyle\sum_{n=0}^{\infty}\dfrac{\ln^{n+1}a}{n!}x^n\quad x\in(-\infty,+\infty)$

(2) $\displaystyle\sum_{n=0}^{\infty}\left(\dfrac{1}{2}\right)^{n+1}x^n\quad x\in(-1,1)$

(3) $\dfrac{1}{2}+\dfrac{1}{2}\displaystyle\sum_{n=0}^{\infty}(-4)^n\dfrac{x^{2n}}{(2n)!},x\in(-\infty,+\infty)$

(4) $\displaystyle\sum_{n=1}^{\infty}(-1)^{n-1}\cdot\dfrac{x^n}{n}+\sum_{n=1}^{\infty}(-1)^{n-1}\cdot\dfrac{x^{n+1}}{n},x\in(-1,1)$

(6) $-\dfrac{1}{4}\left(\displaystyle\sum_{n=1}^{\infty}(-1)^n x^n+\dfrac{1}{3}\sum_{n=0}^{\infty}\left(\dfrac{1}{3}\right)^n x^n\right),x\in(-1,1)$

6. (1) $\displaystyle\sum_{n=0}^{\infty}(-1)^n\dfrac{(x-2)^n}{2^{n+1}},x\in(0,4)$

(2) $\ln2+\displaystyle\sum_{n=0}^{\infty}(-1)^n\dfrac{(x-2)^{n+1}}{2^{n+1}(n+1)},x\in(0,4]$

7. 略

第 5 章　常微分方程

习题 5.1

1.（1）一阶微分方程　　（2）二阶微分方程　　（3）一阶微分方程　　（4）二阶微分方程

2.（1）是　　　　（2）否　　　　（3）否　　　　（4）否

4. $\dfrac{1}{3}x^3 + C$

5. $\dfrac{\mathrm{d}P}{\mathrm{d}T} = R \cdot \dfrac{P}{t^2}$ （R 为常数）

习题 5.2

1.（1）是　　（2）否　　（3）否　　（4）否　　（5）否

2.（1）$y = x + C$　　（2）$y = C\mathrm{e}^{-\cos x}$　　（3）$y = C\mathrm{e}^{-\mathrm{e}^x}$　　（4）$\ln\ln y = \ln x + C$

（5）$y^4 = x^4 - 1$　　（6）$y = x - 1$　　（7）$\dfrac{1}{y} = \ln(1 - x^2) + 1$　　（8）$y^2 = x^2$

（9）$\cos\dfrac{y}{x} = Cx^{-1}$　　（10）$\dfrac{y}{x} - 2\ln\dfrac{y}{x} = 2\ln x + C$

3. $y = \dfrac{3}{2}x$

4. $S = 50\mathrm{e}^{\frac{\ln 2}{10}t}$

习题 5.3

1.（1）$y = C\mathrm{e}^{\frac{3}{2}x^2} - 1$　　　　（2）$y = C\mathrm{e}^{x^2} + \dfrac{1}{2}x^2 - \dfrac{1}{2}x - \dfrac{1}{4}$　　（3）$y = C\mathrm{e}^{\frac{1}{2}x^2} - 1$

（4）$x\mathrm{e}^{-x} + C\mathrm{e}^{-x}$　　　　（5）$y = x\mathrm{e}^{-\sin x} + c\,\mathrm{e}^{-\sin x}$　　（6）$y = C \cdot \dfrac{1}{x} - \dfrac{\cos x}{x}$

2.（1）$y = \dfrac{1}{x}\left(\mathrm{e}^x + \dfrac{ab - \mathrm{e}^a}{a}\right)$　　（2）$y = \dfrac{2}{x^2} - 1$　　　　$y = \dfrac{x}{\cos x}$

3. $y = \mathrm{e}^{-x}(-3x\mathrm{e}^{-x} - 3\mathrm{e}^{-x} + 3)$

4. $x = Cy + \dfrac{a^2}{y}$

习题 5.4

1.（1）$y = \dfrac{1}{12}x^4 + C_1 x + C_2$　　（2）$y = \dfrac{1}{4}\mathrm{e}^{2x} + C_1 x + C_2$　　（3）$y = C_1\mathrm{e}^x - \dfrac{1}{2}x^2 - x + C_2$

（4）$y = C_1\ln x + C_2$　　　　（5）$C_1 y - 1 = C_2\mathrm{e}^{C_1 x}$　　　　（6）$y = \cos(C_0 - x) + C$

2.（1）$y = \dfrac{1}{2x} + \dfrac{1}{2}$　　　　　　（2）略

3. $y = \dfrac{1}{6}x^3 + \dfrac{1}{2}x + 1$

习题 5.5

1.（1）无关　　　（2）相关　　　（3）相关　　　（4）无关

　（5）无关　　　（6）相关　　　（7）无关　　　（8）无关

2. $y = C_1 e^{x^2} + C_2 x e^{x^2}$

习题 5.6

1.（1）$y = C_1 e^{-3x} + C_2 e^{-x}$　　（2）$y = C_1 e^{\frac{1}{2}x} + C_2 e^{2x}$　　（3）$y = C_1 + C_2 e^{2x}$

　（4）$y = (C_1 + C_2 x)e^{c_2}$　　（5）$y = C_1 \cos 2x + C_2 \sin 2x$　　（6）$y = (C_1 + C_2 x)e^{-5x}$

　（7）$y = e^{-x}(C_1 \cos \sqrt{2}x + C_2 \sin \sqrt{2}x)$（8）$y = e^{-\frac{1}{2}x}\left(C_1 \cos \frac{\sqrt{7}}{2}x + C_2 \sin \frac{\sqrt{7}}{2}x\right)$

2.（1）$y = 4e^x + 2e^{3x}$　　　　　　（2）$y = (2 + x)e^{-\frac{1}{2}x}$

　（3）$y = e^{-x} - e^{4x}$　　　　　　（4）$y = 3\sin 5x \cdot e^{-2x}$

习题 5.7

1.（1）$y = C_1 e^{-2x} + C_2 e^x + x\left(\dfrac{1}{2}x - \dfrac{1}{3}\right)e^x$

　（2）$y = C_1 e^x + C_2 e^{2x} + e^{2x}\left(\dfrac{15}{184}\cos x - \dfrac{13}{184}\sin x\right)$

　（3）$y = C_1 e^{-x} + C_2 e^{3x} + \dfrac{1}{5}e^{4x}$

　（4）$y = C_1 \cos x + C_2 \sin x + \left(\dfrac{1}{2}A - \dfrac{1}{2}\right)e^x$

　（5）$y = C_1 \cos x + C_2 \sin x - \dfrac{1}{2}x\cos x$

　（6）$y = e^{2x}(C_1 \cos 2x + C_2 \sin 2x) + \left(\dfrac{1}{5}x^2 + \dfrac{4}{25}x - \dfrac{2}{125}\right)e^x$

　（7）$y = C_1 e^{-2x} + C_2 e^{3x} - e^x\left(\dfrac{1}{52}\cos 2x + \dfrac{5}{52}\sin 2x\right)$

复习题 5

1.（1）$y^2 = x + C$　　　　　（2）$y = e^{-\frac{1}{3}x^3}$　　　　　（3）$\sin y = \dfrac{C}{|\cos x|}$

　（4）$y = (C_1 + C_2 x)e^{-x}$　　（5）$y = x^2 + 1$　　　　（6）$\bar{y} = x(Ax^2 + Bx + C)$

2.（1）A　　（2）D　　（3）A　　（4）C　　（5）C　　（6）B

　（7）A　　（8）C　　（9）B　　（10）B　　（11）B　　（12）C

3.（1）$y = \dfrac{2}{3}x^3 + x^2 + C$

　（2）$y = Ce^{bx} - \dfrac{1}{3}e^{3x}$

　（3）$y = e^{-x}(C_1 \cos \sqrt{2}x + C_2 \sin \sqrt{2}x)$

(4) $y=C_1\mathrm{e}^{-x}+C_2\mathrm{e}^{3x}-\dfrac{1}{4}(x+1)\mathrm{e}^x$　(5) $y=(C_1+C_2x)\mathrm{e}^{2x}+\dfrac{6}{25}\cos x-\dfrac{8}{25}\sin x$

4. (1) $\ln y=-2\ln x+2\ln 2$ 　　　　(2) $y=x\sec x$

　(3) $y=(4+2x)\mathrm{e}^{-x}$ 　　　　(4) $y=\dfrac{11}{16}+\dfrac{5}{16}\mathrm{e}^{4x}-\dfrac{5}{4}x$

5. $y=\mathrm{e}^x-x-1$

6. 略

7. 略

第 6 章　多元函数微分学

习题 6.1

1. (1) Ⅰ卦限　　(2) Ⅵ卦限　　(3) Ⅴ卦限　　(4) Ⅶ卦限

2. $x=2$

3. $\left(0,\dfrac{3}{2},0\right)$

4. $5a-11b+7c$

5. $\overrightarrow{AM}=c+\dfrac{1}{2}a$ 　　$\overrightarrow{BN}=a+\dfrac{1}{2}b$ 　　$\overrightarrow{CP}=b+\dfrac{1}{2}c$

6. 7,7

7. 0

9. (1) $\overrightarrow{OA}=\{2,-1,3\}$, $\overrightarrow{OB}=\{0,1,-2\}$, $\overrightarrow{OC}=\{-3,-2,0\}$,
　$\overrightarrow{AB}=\{-2,2,-5\}$, $\overrightarrow{BC}=\{-3,-3,2\}$, $\overrightarrow{CA}=\{5,1,3\}$,
　$A\{4,-5,12\},\{0,0,0\}$

11. $A(-2,5,0)$

12. (1) $\{6,10,-2\}$　　(2) $\{1,3,-4\}$　　(3) $\{12,16,7\}$
　(4) $\sqrt{35}$　　(5) $\sqrt{26}$

13. $\left\{\dfrac{\sqrt{14}}{7},\dfrac{\sqrt{14}}{14},-\dfrac{3\sqrt{14}}{14}\right\}$

14. $\cos\alpha=\dfrac{1}{2}$,$\cos\beta=\dfrac{\sqrt{2}}{2}$,$\cos\gamma=-\dfrac{1}{2}$　　$\alpha=\dfrac{\pi}{3},\beta=\dfrac{\pi}{4},\gamma\ \dfrac{2}{3}\pi$

15. $m=4,n=-1$

16. 否

17. 否

18. 否

20. 9

21. (1) $\lambda=-\dfrac{10}{3}$　　(2) $\lambda=6$

22. (1) -1　　(2) -15　　(3) $3,2,-1$　　(4) $3\boldsymbol{i}-7\boldsymbol{j}-5\boldsymbol{k}$

(5) $42\boldsymbol{i}-98\boldsymbol{j}-70\boldsymbol{k}$ (6) $-42\boldsymbol{i}+98\boldsymbol{j}+70\boldsymbol{k}$ (7) $-3\boldsymbol{i}+7\boldsymbol{j}+5\boldsymbol{k}$

23. $\theta=\dfrac{\pi}{2}$

24. $\pm\left(\dfrac{1}{3}\boldsymbol{i}-\dfrac{2}{3}\boldsymbol{j}+\dfrac{2}{3}\boldsymbol{k}\right)$

25. $3\sqrt{10}$

26. $5\,000$

27. $\sqrt{17}$

29. 否,是,否,是

30. (1) $\vec{n}=\{2,-3,-1\}$,截距分别为$-6,4,12$

    (2) $\vec{n}=\{5,1,-3\}$,截距分别为$3,15,-5$

    (3) $\vec{n}=\{1,-1,1\}$,截距分别为$1,-1,1$

    (4) $\vec{n}=\{1,1,1\}$,截距分别为$3,3,3$

31. (1) $3(x-1)-(y-1)+2(z-1)=0$

    (2) $(x-1)+5(y-2)+3(z-1)=0$

    (3) $\dfrac{x}{2}-\dfrac{y}{3}-\dfrac{z}{1}=1$

32. (1) 平面与z轴平行   (2) 平面与yoz平面平行

    (3) 平面经过x轴   (4) 平面通过原点

33. (1) 平面与(2)平面平行,

    (2),(1)平面与(3)、(4)平面垂直

    (3)平面与(4)平面平行

34. $2(x-3)-8y+(z+5)=0$

35. $4(x-4)+17(y-2)+3(z-1)=0$

36. $y=2$

37. 2

38. $-2(x-1)+(y+1)+3(z-1)=0$

39. $x-y=0$

40. $x+y+z-2=0$

41. $x+y-4z-5=0$

42. $(-3,2,-2)$

43. $\cos\theta=\dfrac{2}{15}$

44. A 在直线上,B 不在直线上

45. $\dfrac{x}{1}=\dfrac{y}{0}=\dfrac{z}{0}$,$\dfrac{x}{0}=\dfrac{y}{1}=\dfrac{z}{0}$,$\dfrac{x}{0}=\dfrac{y}{0}=\dfrac{z}{1}$

46. (1) 直线与平面平行   (2) 直线与平面垂直   (3) 直线在平面内

47. $\begin{cases} x=-5t+1 \\ y=t+2 \\ z=3t+1 \end{cases}$

48. $\{-2,1,3\}$

49. (1) $\dfrac{x-2}{3}=\dfrac{y+1}{-1}=\dfrac{z-4}{2}$ (2) $\dfrac{x-2}{9}=\dfrac{y+3}{-4}=\dfrac{z-5}{2}$

(3) $\dfrac{x-3}{0}=\dfrac{y-4}{6}=\dfrac{z+4}{-6}$ (4) $\dfrac{x+1}{3}=\dfrac{y-2}{-1}=\dfrac{z-1}{1}$

50. (1) $\dfrac{x+12}{4}=\dfrac{y-1}{1}=\dfrac{z-7}{-3}$, $\begin{cases}x=4t-12\\y=t+1\\z=-3t+7\end{cases}$

(2) $\dfrac{x+8}{5}=\dfrac{y-1}{-1}=\dfrac{z-7}{-5}$, $\begin{cases}x=5t-8\\y=-t+1\\z=-5t+7\end{cases}$

51. (1) 平行 (2) 垂直 (3) 垂直

52. (1) 平行于 z 轴 (2) 平行于 oxz 平面

(3) 在 xoz 平面上 (4) 通过坐标原点

53. 球心在 $\left(\dfrac{1}{2},O,\dfrac{1}{2}\right)$,半径为 1 的球面.

54. (1) $(x-1)^2+(y-3)^2+(z+2)^2=14$

(2) $(x-2)+2(y-1)+2(z+1)=0$

习题 6.2

1. $1, t^2x^2+t^2y^2-t^2xy\arctan\dfrac{x}{y}$

2. $\dfrac{x^2(1-y)}{1+y}$

3. (1) $\{(x,y)|y^2-2x+1>0,x\in R,y\in R\}$

(2) $\{(x,y)|y>x\ 且\ y<-x,x\in R,y\in R\}$

(3) $\left\{(x,y)|\dfrac{x^2}{a^2}+\dfrac{y^2}{b^2}\leqslant 1,x\in R,y\in R\right\}$

(4) $\{(x,y)|-x\leqslant y\leqslant x\ 且\ x\neq 0,x\in R,y\in R\}$

4. (1) $\dfrac{\pi}{6}$ (2) $-\dfrac{1}{4}$ (3) 0 (4) 0

6. (1) $\{(x,y)|y^2=2x,x\in R,y\in R\}$ (2) x 轴或 y 轴上的点

习题 6.3

1. (1) $\dfrac{\partial z}{\partial x}=x+\dfrac{x}{y^2}$ $\dfrac{\partial z}{\partial y}=x-\dfrac{x}{y^2}$

(2) $\dfrac{\partial z}{\partial x}=\dfrac{1}{1+(x-y^2)^2}$ $\dfrac{\partial z}{\partial y}=-\dfrac{2y}{1+(x-y^2)^2}$

(3) $\dfrac{\partial z}{\partial x}=\sin(x-y)+\cos(x-y)$ $\dfrac{\partial z}{\partial y}=\sin(x-y)-\cos(x-y)$

（4）$\dfrac{\partial z}{\partial x}=\dfrac{1}{2x\sqrt{\ln(xy)}}$，$\dfrac{\partial z}{\partial y}=\dfrac{1}{2y\sqrt{\ln xy}}$

2. 1

3.（1）$\dfrac{\partial^2 z}{\partial x^2}=12x^2-8y^2$，$\dfrac{\partial^2 z}{\partial x\partial y}=-16xy$，$\dfrac{\partial^2 z}{\partial y^2}=12y^2-8x^2$

（2）$\dfrac{\partial^2 z}{\partial x^2}=y^x(\ln y)^2$，$\dfrac{\partial^2 z}{\partial y^2}=x(x-1)y^{x-2}$

习题 6.4

1.（1）$\mathrm{e}^x\cos y\,\mathrm{d}x-\mathrm{e}^x\sin y\,\mathrm{d}y$　　　　（2）$\left(y+\dfrac{1}{y}\right)\mathrm{d}x+\left(x-\dfrac{x}{y^2}\right)\mathrm{d}y$

（3）$-\dfrac{y}{x^2}\mathrm{e}^{\frac{y}{x}}\mathrm{d}x+\dfrac{1}{x}\mathrm{e}^{\frac{y}{x}}\mathrm{d}y$　　　　（4）$-\dfrac{xy}{\sqrt{(x^2+y^2)^3}}\mathrm{d}x+\dfrac{x^2}{\sqrt{(x^2+y^2)^3}}\mathrm{d}y$

2. $\Delta z=-0.119$　　$\mathrm{d}z=-0.125$

习题 6.5

1. $\dfrac{\partial z}{\partial x}=x^2\sin^2 y\cos y+x^2\sin y\cos^2 y$　　$\dfrac{\partial z}{\partial y}=x^3\sin^3 y-x^3\cos^3 y$

2. $\dfrac{\partial z}{\partial x}=\dfrac{2x}{y^2}\ln x\sin y+\dfrac{x}{y^2}$　　$\dfrac{\partial z}{\partial y}=\dfrac{x^2}{y^2}\cot y-\dfrac{2x^2}{y^3}\ln x\sin y$

3. $\cos t\cdot\mathrm{e}^{\sin t-2t^3}-bt^2\mathrm{e}^{\sin t-2t^3}$

4. $\dfrac{6t-12t^2}{\sqrt{1-(x-y)^2}}$

5. $\dfrac{\partial z}{\partial x}=\dfrac{f'_x}{1+f'_x}$　　$\dfrac{\partial z}{\partial y}=\dfrac{f'_y}{1+f'_y}$

6. $\dfrac{y^2-\mathrm{e}^x}{\cos y-2xy}$

习题 6.6

1. $f_{极大值}(-3,2)=33$　　$f_{极小值}(1,0)=-3$

2. $\dfrac{1}{4}$

4. $\sqrt[3]{2V}$，$\dfrac{1}{2}\sqrt[3]{2V}$，$\sqrt[3]{2V}$

5. $\dfrac{1}{3}p$，$\dfrac{2}{3}p$

复习题 6

1.（1）$-\dfrac{10}{3}$　　　　（2）6

2. $\pm\left(\dfrac{1}{3}\boldsymbol{i}-\dfrac{2}{3}\boldsymbol{j}+\dfrac{2}{3}\boldsymbol{k}\right)$

3. $x-y=0$

4. $\arccos\dfrac{2}{15}$

5. $\begin{cases} x=-5t+1 \\ y=t+2 \\ z=-3t-1 \end{cases}$

6. $\dfrac{x+12}{4}=\dfrac{y-1}{1}=\dfrac{z-8}{-3},\begin{cases} x=4t-12 \\ y=t+1 \\ z=-3t+8 \end{cases}$

7. $(x-3)^2+(y+2)^2+(z-5)^2=16$

8. $z=x^2+y^2+1$

9. (1) $\{(x,y)\mid-2\leqslant x\leqslant2,x-y>0,x\in R,y\in R\}$

   (2) $1,1,0,\dfrac{1}{5}$

   (3) $0,0,0,0$

   (4) $\dfrac{1}{2}$

   (5) $2,3,12$

   (6) $\dfrac{\sqrt{3}}{3}\mathrm{d}x+\dfrac{\sqrt{3}}{3}\mathrm{d}y$

   (7) $\dfrac{(x^2+x-3)\mathrm{e}^x}{(x^2+3x)^2}$

   (8) $[f''_{xy}(x_0,y_0)]^2-f''_{xx}(x_0,y_0)\cdot f''_{yy}(x_0,y_0)<0$
   $[f''_{xy}(x_0,y_0)]^2-f''_{xx}(x_0,y_0)\cdot f''_{yy}(x_0,y_0)<0$ 且 $f''_{xx}(x_0,y_0)<0$

10. (1) ✕　　(2) ✓　　(3) ✓　　(4) ✓　　(5) ✕

11. (1) B　　　(2) C　　　(3) D　　　(4) C
    (5) A　　　(6) B　　　(7) A　　　(8) C

12. $z_{极小值}(1,1)=-1$

第 7 章　多元函数积分学

习题 7.1

略.

习题 7.2

1. (1) $\dfrac{76}{3}$　　(2) $\dfrac{16}{55}$　　(3) $\dfrac{3}{2}$　　(4) $\dfrac{8}{3}$　　(5) $\mathrm{e}-2$　　(6) $\dfrac{1}{8}$

2. (1) $\pi(\mathrm{e}^4-1)$　　(2) $\dfrac{\pi}{2}\left(\ln2-\dfrac{1}{2}\right)$　　(3) $\dfrac{3}{64}\pi^2$　　(4) $\dfrac{\pi}{3}-\dfrac{4}{9}$

习题 7.3

1. (1) $\dfrac{16}{3}$ (2) $\dfrac{8}{3}$

复习题 7

1. (1) 0   (2) 64π (3) $\displaystyle\int_0^1\int_y^{\sqrt{y}} f(x\cdot y)\,\mathrm{d}y\,\mathrm{d}x$

   (4) $\displaystyle\int_1^2\int_{y-1}^2 f(x\cdot y)\,\mathrm{d}x\,\mathrm{d}y$

   (5) $\displaystyle\int_{\frac{\pi}{4}}^{\frac{\pi}{3}}\int_{\cos\theta}^{2\cos\theta} f(r^2)\,r\,\mathrm{d}r\,\mathrm{d}\theta$

   (6) 0

2. (1) A   (2) B   (3) D   (4) C   (5) A

3. (1) -2 (2) 0   (3) $\dfrac{1}{2}-\dfrac{1}{2e}$ (4) $\dfrac{1}{4}$

4. (1) $\dfrac{3}{4}\pi$ (2) $-6\pi^2$ (3) $\dfrac{1}{64}\pi$

5. $\dfrac{9}{2}$

6. $\dfrac{1}{2}$

现代希腊语字母表

序号 \ 字体	Times New Roman		Arial		Garamond		Monotype Corsiva		PMingLiu		Lucida Sans Unicode		中文注音
1	Α	α	A	α	A	α	$\mathcal{A}$	α	A	α	A	α	阿尔法
2	Β	β	B	β	B	β	$\mathcal{B}$	β	B	β	B	β	贝塔
3	Γ	γ	Γ	γ	Γ	γ	$\mathcal{T}$	γ	Γ	γ	Γ	γ	伽马
4	Δ	δ	Δ	δ	Δ	δ	Δ	δ	Δ	δ	Δ	δ	德尔塔
5	Ε	ε	E	ε	E	ε	$\mathcal{E}$	ε	E	ε	E	ε	伊普西龙
6	Ζ	ξ	Z	ζ	Z	ζ	$\mathcal{Z}$	ζ	Z	ζ	Z	ζ	截塔
7	Η	η	H	η	H	η	$\mathcal{H}$	η	H	η	H	η	伊塔
8	Θ	θ	Θ	θ	Θ	θ	$\mathbf{\Theta}$	θ	Θ	θ	Θ	θ	西塔
9	Ι	ι	I	ι	I	l	$\mathcal{I}$	l	I	l	I	ι	约塔
10	Κ	κ	K	κ	K	κ	$\mathcal{K}$	κ	K	κ	K	κ	卡帕
11	Λ	λ	Λ	λ	Λ	λ	λ	λ	Λ	λ	Λ	λ	兰布达
12	Μ	μ	M	μ	M	μ	$\mathcal{M}$	μ	M	μ	M	μ	缪
13	Ν	ν	N	ν	N	ν	$\mathcal{N}$	ν	N	ν	N	ν	纽
14	Ξ	ξ	Ξ	ξ	Ξ	ξ	$\mathcal{Z}$	ζ	Ξ	ξ	Ξ	ξ	克西
15	Ο	ο	O	o	O	o	O	o	O	o	O	o	欧米克荣
16	Π	π	Π	π	Π	π	π	π	Π	π	Π	π	派
17	Ρ	ρ	P	ρ	P	ρ	$\mathcal{P}$	ρ	P	ρ	P	ρ	肉
18	Σ	σ	Σ	σ	Σ	σ	$\mathcal{E}$	σ	Σ	σ	Σ	σ	西格玛
19	Τ	τ	T	τ	T	τ	$\mathcal{T}$	τ	T	τ	T	τ	套
20	Υ	υ	Y	υ	Υ	υ	$\mathcal{Y}$	υ	Υ	υ	Υ	υ	宇普西龙
21	Φ	φ	Φ	φ	Φ	φ	Φ	φ	Φ	φ	Φ	φ	佛爱
22	Χ	χ	X	χ	X	χ	$\mathcal{X}$	χ	X	χ	X	χ	西
23	Ψ	ψ	Ψ	ψ	Ψ	ψ	Ψ	ψ	Ψ	ψ	Ψ	ψ	普西
24	Ω	ω	Ω	ω	Ω	ω	Ω	ω	Ω	ω	Ω	ω	欧米伽